德系西门塔尔牛
培育与生产管理

张淑二　孔凡虎　李有志　主　编

山东大学出版社

《德系西门塔尔牛培育与生产管理》编委会

前　言

德系西门塔尔牛是德国育种专家经过约150年的时间培育形成的乳肉兼用牛新品种，在产乳量、乳品质、产肉量、抗逆性等方面性能优越，具有较高的综合养殖效益，已成为当前世界上乳用性与肉用性兼顾最佳的牛品种。目前，该品种已在欧洲、大洋洲、美洲等地区推广应用，并获得了广大养殖户的认同。

我国是世界上养牛历史最悠久、数量较多的国家之一，奶牛与肉牛养殖量均处于世界前列。据统计，截至2015年，全国奶牛养殖量已达1500余万头，肉牛养殖量约7350万头。但与世界养殖业发达国家相比，我国奶牛养殖业存在饲养管理相对粗放、奶牛单产水平偏低、抗病性差、公犊育肥效果不佳等问题，肉牛养殖业则存在生长速度慢、胴体重偏小、出肉率低等问题。要解决奶牛与肉牛养殖业存在的诸多问题，除了在饲养管理上采取诸多措施外，还要找到一个好的品种对我国的奶牛、肉牛开展改良工作，而德系西门塔尔牛则可以兼顾解决大部分问题，实现养殖综合效益的增长。

2007年，我国农业部与德国巴伐利亚州签订合作协议，引进德系西门塔尔牛在7个省份开展改良试点。山东省作为7个试点省份之一，在胶东半岛地区率先开展推广应用。自此以后的10年间，山东省畜牧主管部门先后投入近2400万元资金，与德国宝牛、张北华田牧业有限公司合作，在山东境内筹建合作社与种公牛站，累计推广德系西门塔尔牛冷冻精液近120万剂，补贴德系西门塔尔杂种母牛1000余头，取得了良好的经济效益与社会效益，受到了广大养殖户的欢迎。同时，山东省财政及科技部门也列出专项资金开展德系西门塔尔牛的应用研究，探讨该品种在省内改良的应用模式与效果，为下一步推广应用提供基础素材。

本书从品种介绍、种牛培育、生产推广、饲养管理及应用研究等5个方面，全面介绍了该品种在山东省的推广与应用，为广大奶牛、肉牛养殖户提供借鉴。由于所掌握的资料还不够丰富，以后会陆续修订补充。

本书在编写过程中，得到了各位编者及相关领导的多方面关心与支持，在此深表谢意。由于编写经验不足、时间仓促，书中难免有疏漏之处，请广大读者批评指正。

编　者

2017年10月

目　录

第一篇　品种篇

第一章　德系西门塔尔牛品种介绍

德系西门塔尔牛又名“弗莱维赫牛”，由瑞士西门塔尔牛和德系红荷斯坦牛杂交，并引入部分其他品种血统选育而成，有约 150 年的育种历史，在世界范围内总共有 4000 多万头，是一种乳肉兼用的优良品种。西门塔尔牛来源于瑞士中部的西门谷，但在 200 多年前，这种牛就被引入了德国。西门塔尔牛在德国主要用于产奶，在美洲、非洲和大洋洲主要用于产肉。在德国，德系西门塔尔牛同荷斯坦牛相比，适应性更强、更广泛，与其他牛进行杂交后，更能体现出其优越性。

德国的德系西门塔尔牛主要分布在南部的巴伐利亚州，占总群体的 80%。经过多年的系统选育，德国的奶牛育种专家们使德系西门塔尔牛成为真正的乳肉兼用品系。该品系的主要特征是：遗传稳定，母牛产奶性能好，公牛育肥能力强，耐粗饲，抗病力强。在德国，有 40%的德系西门塔尔奶牛是人工授精的。养殖德系西门塔尔奶牛的都是一些养殖户型企业，平均每个养殖户型企业拥有 33 头。

20 世纪 80 年代，我国从德国和奥地利引进了一批德系西门塔尔牛。当时德系西门塔尔牛在德国的生产性能是：年产奶量为 4800 kg，乳脂率低于 4.0%。奥地利的西门塔尔牛也是从德国引进的。根据系谱和相关记录，我国当时进口的德系西门塔尔牛都是从巴伐利亚牛种培育推广联合会（VFR）的拍卖市场购得的。由于“疯牛病”，中国与德国牛种的交流间断了 20 年。在这 20 年中，德国的德系西门塔尔牛的选育进入了一个新的时期，乳质和肉质性能的提升很明显。

德系西门塔尔牛体型大，额宽，颈短；体表肌肉群明显易见，体躯深；骨骼粗壮坚实，背腰长宽而平直；后躯发达，臀部肌肉饱满，呈圆形；四肢粗壮，球节结实，蹄部、系部致密，强健有力；母牛乳房发达，附着好，匀称紧密，乳静脉明显；毛色多为红白花，头部多为白色，部分带眼圈；前胸、腹下、尾帚和四肢下部为白色。目前，德系西门塔尔牛的主要生产性能如下：平均年产奶量为 6768 kg，乳脂率平均为 4.32%，乳蛋白率平均为 3.51%；公牛平均出生重为 40 kg，18～19 月龄体重可达 700～800 kg，平均日增重在 1400 g 以上。

一、泌乳力

泌乳力的比重在总性能指数中占 38%。在过去的 40 年中，同荷斯坦牛一样，通过人工授精的方法，德系西门塔尔牛的产奶量翻了 1 倍。其中，一些顶级企业中的德系西门塔尔牛的年产奶量可以达到 10000 kg。

二、产肉性能

德系西门塔尔牛的产肉性能也是其独特的一个方面，其产肉性能的比重在总性能指数中占17%左右。产肉性能包括三部分：平均日增重、屠宰率和贸易等级。由于育种计划的实施，德系西门塔尔牛的日增重在不断提高。通过后裔测定发现，日增重达到了1375 g。德国对德系西门塔尔公牛肉的需求量也在不断增加。53 日龄育肥公牛的宰前活重为 380～420 kg，屠宰率达到 58%～59%，并且一致性特别好，肉质一流。

三、适应性或健康

德系西门塔尔牛的初产年龄在 28 个月左右，产犊间隔为 395 天，而且顺产率高。在使用寿命方面，人们追求的目标是每头奶牛终生总产奶量达到 300000 kg 以上，而且产犊数大于 4 头。德系西门塔尔奶牛的健康指数也占很大的比重，它的寿命非常长，体细胞数也比较低，母牛的乳房极为健康，臀部厚实，体貌健硕，遗传稳定，适合圈养和放牧。

四、体型外貌线性鉴定

德系西门塔尔牛体型外貌的线性鉴定由国家相关机构来完成，每年要鉴定 40000 头左右，并且将所有的鉴定结果提供给奶农和人工授精站。德系西门塔尔牛的肌肉一直发展比较平稳，臀部和乳房的发育趋势也非常好。德系西门塔尔牛的健康状况已经成为其他牛种育种机构追求的目标。

表 1-1 是 2005 年德国登记在册的主要奶牛品种的比较。可以看出，德系西门塔尔牛在 89 万多头登记母牛群体中，产奶量达到 6548kg，乳脂率和乳蛋白率均高于荷斯坦牛，尤其是乳蛋白含量具有极大的优越性。

表 1-1　　2005 年德国主要奶牛品种登记概况比较

品种	登记数量（头）	泌乳天数（天）	产奶量（kg）	乳脂率（%）	乳脂含量（kg）	乳蛋白率（%）	乳蛋白含量（kg）
荷斯坦牛	2026135	320	8282	4.13	342	3.41	282
红荷斯坦牛	263845	318	7421	4.23	314	3.40	252
德系西门塔尔牛	890179	315	6548	4.15	272	3.49	229
德国灰牛	186799	322	6760	4.21	285	3.59	242
德国黄牛	5262	316	5646	4.19	237	3.53	199

德系西门塔尔牛在保证了高产奶水平的同时，还通过对体细胞数的控制，将乳房炎的发病率降到了最低。牛奶中的体细胞数平均为 18.5 万个/mL。

表 1-2 为德国登记在册的主要奶牛品种体细胞数对比。德国在对德系西门塔尔牛进行选育的 100 多年中，不仅注重产奶能力的提升，同时还要保持并提高原有的育肥产肉性能，主要表现在出生重、日增重、屠宰性状、分割性状、肉质等级等选育方面。

表 1-2　　德国主要奶牛品种体细胞数对比

品种	母牛头数(头)	体细胞数(万个/mL)
德系西门塔尔牛	769561	18.5
德国灰牛	151645	22.0
德国黄牛	7316	24.8
德系荷斯坦牛	66830	25.8
德系红荷斯坦牛	12.846	22.2

表 1-3 是德系西门塔尔公牛育肥产肉性状的检测成绩。为了体现德系西门塔尔牛优秀的育肥产肉性能，选取利木赞牛、夏洛来牛、荷斯坦牛各 10 头，德系西门塔尔牛18 头，在同一养殖场进行同等饲养条件下的育肥试验，结果如表 1-4 所示。

表 1-3　　德系西门塔尔公牛育肥产肉性状检测成绩

类别	育肥开始	育肥结束	育肥期	日增重	胴体重	饲料类型
公牛	200 日龄	16～18 月龄	280～340 天	1600 g	380～420 kg	玉米等能量饲料为主
阉割公牛	200 日龄	16～18 月龄	280～340 天	1000～1200 g	350～380 kg	鲜青草为主
屠宰率	57%～58%					
净肉率	68%～72%					

表 1-4　　德系西门塔尔牛与德国其他部分牛种的育肥试验统计结果

品种	德系西门塔尔牛	利木赞牛	夏洛来牛	荷斯坦牛
出生重(kg)	40	38	48	40
出生到 200 日龄平均日增重(g)	1199	910	1054	729
200 日龄体重(kg)	280.8	223.3	255.1	184.8
200～530 日龄平均日增重(g)	1261	1182	1338	1192
530 日龄体重(kg)	696.8	613.4	696.7	—
出生到 530 日龄平均日增重(g)	1238	1079	1231	1017
胴体重(kg)	413.0	386.1	412.0	316.7
屠宰率(%)	59.27	61.94	59.13	—
胴体出肉率(%)	71.98	73.98	72.12	66.44

可以看出，德系西门塔尔牛在育肥产肉性能上的表现不亚于其他专用肉牛品种，甚至在某些方面还体现出其特有的优越性。

第二章　德系西门塔尔牛在德国的培育与管理

西门塔尔牛起源于瑞士，被美洲、欧洲、亚洲等地的国家引入并与本地牛开展杂交改良。受自然条件、地理及人文环境的影响，每个国家在育种方向上有所不同，并表现出向肉用、乳用及乳肉兼用三个方向发展的趋势。在北美地区，由于地广人稀、饲草资源丰富，低成本的放牧饲养成为西门塔尔牛饲养管理的主要方式，因此，以肉用为主成为主要育种方向。在法国，蒙贝利亚的选育方向正在从以乳肉兼用逐步向偏乳用方向转变，牛体表现出体型小、乳房发达、体躯清秀、肌肉附着少的特点。而只有在德国，西门塔尔牛的育种实现了向乳肉兼用方向的发展，真正体现出乳用与肉用性能的有机结合，达到了乳肉兼用性能的平衡与统一。

一、培育历程

德系西门塔尔牛在德国的培育也经历了一个迷茫与混乱的阶段。自 17 世纪起，德国南部一部分州就开始引进西门塔尔牛以改良本地牛，提高本地牛的生产性能。最初，人们并不看好西门塔尔牛的改良，直到育种者们在瑞士培育的一种红白花的花斑牛身上发现了需要的稳定遗传品质后，才逐步被广大养殖户所接受并得以广泛推广与使用。

从 1835 年开始，德国就有针对性地从瑞士引进相当数量的西门塔尔牛与本地牛杂交，希望培育出一种经济效益较高的多用途牛种，实现肉用、乳用及役用于一身。但随着德国现代农业的发展、机械化水平的逐步提高，育种者们开始将育种目标转向某些具体的生产性能方面，将乳肉役兼用的“全能牛”转为乳肉性能优越的兼用品种。

20 世纪 50 年代后期，德国育种者引进了 2 头特征不同的爱尔夏种公牛与德系西门塔尔牛杂交，实现了母牛乳房质量优与产乳量高的双重目的。母牛的乳房结构进一步优化，产乳量也有所增加，但其产肉性能表现并不理想，且随着改良代次的提高，其杂交优势越发不明显。尽管如此，德系西门塔尔牛还是保留了爱尔夏牛早熟、耐粗饲及适应能力强等优点。

20 世纪 70 年代，德国南部各州陆续引进红荷斯坦种公牛与德系西门塔尔牛杂交，其后代表现出了更好的产奶性能，但肉用性能下降。人们为了获取更高的产奶量，于是开始大量使用红荷斯坦公牛改良德系西门塔尔牛，并由此引发了一场关于德系西门塔尔牛育种方向的争论。

20 世纪 80 年代初，有人从瑞士引进了 1 头红荷斯坦牛与西门塔尔牛各占 50%血统的二元杂交公牛，与 1 头后代肌肉发达的德系西门塔尔母牛杂交，并对其后代开展性能测定，取得了令人满意的成绩。其后代不仅具有良好的产奶量，而且其肉用性能也超过了以往的平均水平。

经过这场持续多年的争论，1995 年，德国最终确定了德系西门塔尔牛乳、肉双高的育种方向，并对肉用指标制定了更加具体的要求，力争把德系西门塔尔牛的肉用性能提高到更高的水平。

德系西门塔尔牛育种的具体指标如下：

公牛：成年种公牛体高为 150～158 cm，体重不低于 1200 kg。育肥公牛的平均日增重超过 1300 g，屠宰率平均为 70%，出肉率平均为 60%。

母牛：第一胎平均产奶量不低于 7000 kg，乳脂率平均为 3.9%，乳蛋白率平均为 3.7%。成年母牛体高为 138～142 cm，体重不低于 750 kg，第一胎产犊时为 24～28 月龄。

二、育种体系

德系西门塔尔牛经过约 150 年的选育，尤其在广泛推广人工授精和胚胎移植技术后，育种体系不断得到完善和发展，乳肉生产性能也得到显著提高。无论是公牛还是母牛，选择的主要依据都是基于经济效益的总性能指数 BZW(Cezamt Zuchtwert)和外貌体型评定，有力的遗传评定工作的开展为良种选育奠定了坚实的基础。此外，政府、养殖户、育种协会、人工授精协会及第三方评价机构都是育种体系的重要组成部分。政府通过制订育种法规来规范育种登记、人工授精等工作，养殖户通过会员制的形式加入地方育种协会和人工授精协会，第三方评价机构为养殖户及协会提供可靠的测定数据。他们之间形成了既相对独立又互相依靠的系统——科学的德系西门塔尔牛育种体系。

(一)政府

在欧共体家畜育种法框架下，德国政府通过法律法规的形式认定、监督本国育种组织，对生产性能测定、遗传评定等进行了较为详细的约定。德国西门塔尔牛育种组织为南部养牛者联合会，并在各地区下设地方西门塔尔牛品种协会。协会作为非政府组织，必须拥有经政府批准的育种群体及育种计划，并依据法律规定，负责本地区的种畜登记，严格执行育种计划。

此外，德国政府还依法监督人工授精组织的授精站、冻精库的胚胎生产、采集等工作，要求他们与育种组织组成育种联合会，共同协作，以执行育种计划。德国政府特别重视性能测定及遗传评定工作，采用购买独立的测定机构——州立动物育种研究所(LKV)服务的方式开展性能测定。测定机构根据国际畜牧联盟(ICAR)的标准对牛群进行乳用性能测定，每月把测定结果及时反馈给养殖户。而遗传评定工作完全由政府资助的独立组织巴伐利亚州州立农业监察会(LFL)承担。现在，德系西门塔尔牛每年进行 3 次遗传评定。每次遗传评定结束后，LFL 会及时通过网站、杂志等公布评定结果。同时，还推荐 25 头公牛为育种计划中的主力公牛。各育种联合会(包括育种协会和人工授精组织)在遗传评定结果公布后，及时组织召开会议，讨论最新信息，共同执行该地区的育种计划。

（二）养殖户

养殖户积极参与育种工作并从中受益。巴伐利亚西门塔尔牛从业人员的收入主要来自四方面：牛奶出售、公牛犊拍卖（用于育肥）、种公牛拍卖和淘汰母牛屠宰出售。在德国，牛奶的收购价格很低，养殖户要获得理想的经济效益，除了需要掌握饲草料种植、饲养管理等技术，更要注重自己牛群遗传水平的提高。

首先，养殖户普遍接受由 LKV 组织的泌乳性能测定体系（MLP）。通过这种方式，养殖户可以了解到自己养殖场中牛的状况，而且通过与其他养殖场牛群的比较，还可以了解自己养殖场所处的水平和存在的问题，以便采取措施进行修正。其次，他们利用优秀种公牛来提高群体的遗传质量，每次遗传评定结果公布后，会结合自己的知识和价格等因素选择适当的公牛进行配种。一些饲养管理水平较好的养殖户为充分利用母牛的遗传潜力，积极开展胚胎移植工作。这也是 MOET 育种体系得以顺利实施的重要原因。养殖户对种公牛的培育也很感兴趣，如果他们培育的公牛能在拍卖市场被人工授精协会选中，价格至少为 3000 欧元，优秀个体甚至高达 20000 欧元。由于各人工授精协会竞争购买优秀后备种公牛，养殖户在种公牛培育中能获得丰厚的利润。

（三）育种协会

在德国的巴伐利亚，每个地区都有自己的西门塔尔牛育种协会，负责本地区的种牛登记、性能测定、活牛拍卖等工作。养殖户以会员制的形式自愿加入协会，参与育种方案的实施，并可以享受约 40％的价格优惠。在各类优惠条件的鼓励下，很多养殖户都愿意加入育种协会。巴伐利亚的每个西门塔尔牛育种协会都有自己的拍卖市场。无论是犊牛、母牛还是用于育种的后备公牛出售，都要通过拍卖市场来实现。养殖户卖牛需要交场地费，买主买牛需要交手续费。

此外，饲料兽药、机械设备、活畜运输等厂商也纷纷来到拍卖市场。因此，通过拍卖不仅实现了养殖户、育种协会和人工授精协会的经济效益，也带动了一系列相关产业的发展。在拍卖前，协会工作人员还要对种牛开展体重、泌乳量、体型评定等方面的测定。所以，拍卖也为开展生产性能测定提供了便利。

（四）人工授精协会

人工授精协会承担着种公牛培育的任务。协会从拍卖市场购买青年公牛后，最初每头牛采精只生产 5000 支冻精，而后这些公牛就进入闲置阶段。到后裔测定成绩公布后（3 年后），有 20％的公牛会通过后测被确定为验证公牛，允许进行采精和销售。除冻精销售，一些人工授精协会还对养殖户开展人工输精、胚胎移植、妊娠检查、疾病防治、技术培训等服务。很多养殖户通过协议以会员制的形式加入人工授精协会，这样，他们在产品和服务上都可以享受到价格上的优惠。

基于以上科学严格的遗传评定和育种体系，德系西门塔尔牛经过约 50 年的选育，全群平均泌乳量增加量超过 4000 kg，18 月龄公牛屠宰率达 58％～59％，养殖户在育种过程中真正获得了收益。

总之，在德系西门塔尔牛育种体系中，政府只在宏观上监督育种组织和遗传评定工作，并没有直接参与育种计划的实施。而养殖户与育种协会和人工授精协会之间通过会员制形式建立了密切的合作关系，尤其是育种协会的拍卖市场，在育种中发挥了重要的作用。在拍卖市场，遵循市场价格杠杆的养殖户、育种协会、人工授精协会以及相关厂商都实现了各自的经济效益，这也是育种计划得以顺利实施的重要保障。

三、产业管理与运营模式

（一）适度规模家庭养殖场占主导

养殖户根据土地、资本、劳力等条件，开展适度养殖。这有几个特点：一是，劳动力主要由夫妻和子女等家庭成员组成，经营规模与家庭劳动力相适应，很少雇工。二是，养殖规模不大。按产奶牛头数计算，大部分养殖场（约 93%）饲养数量都在 60 头以下，超过 60 头的只占 7%。三是，所需青粗饲料全部为自己土地种植生产的牧草，种植的谷物作物一般作为精饲料。

（二）饲养品种追求效益最大化

养殖户普遍认为德系西门塔尔牛综合经济效益优于荷斯坦牛，更适合中小规模的家庭农场饲养。主要原因：一是，具有较高的产奶性能。如果饲养荷斯坦奶牛，只有当牛奶的销售收入占总收入的 85%时，才可以盈利。而饲养德系西门塔尔牛，其牛奶的销售收只需要达到总收入的 65%就可以盈利。二是，具有较高的产肉性能。绝大多数养殖户在牛 6 周龄时就会把犊牛卖掉，每头平均 400～500 欧元，比荷斯坦公犊高 100 欧元。三是，青年母牛售价高。日产奶量为 25～35 kg 的青年母牛拍卖价格为 1500～2200 欧元。四是，母牛残值较高。淘汰母牛的体重约为 1000 kg，活重售价为 2.50 欧元/kg，残值在 2500 欧元左右。五是，生产成本低。德系西门塔尔牛耐粗饲，饲养成本低，抵抗力强，可节省兽医方面的支出，母牛平均可达 4.7 个胎次，最高可达 11 个胎次。

（三）循环农业生产方式被广泛采用

德国养殖户均有土地，牛所需青粗饲料和精饲料绝大部分由自己生产。大部分养殖户每头奶牛平均需要 1 hm^2 土地。其中，牧草占 35%，饲料玉米占 40%。牛粪便全部进行沼气发电，沼气渣作为肥料还田，实现了无害化处理，形成了“土地生产饲料—饲料喂牛—牛产奶、产肉—牛粪生产沼气发电（部分养殖户还利用多余青贮饲草料进行生物发电）—电能用于生产、生活—沼气渣还田”等循环农业生产方式。德国政府对生物质电价实行优惠收购（高于民用核电的价格），沼气产的电并入公用电网，既保护了环境，又给养殖户带来了可观的经济收入。

（四）技术服务完善

巴伐利亚州的牛育种和养殖采用以养殖户为基础的“协会＋联合会”模式。协会设有专门从事技术服务的机构，为会员提供全方位的技术服务，既是养殖户的组织者，又是养殖户的服务者。各协会、联合会均将服务于养殖户、提高养殖户技术水平和增加养殖户收入列为重要工作。人工授精中心一般设有技术服务组，专门为会员提供技术咨询、培训等。会员购买冻精时，中心除向养殖户提供优惠冻精，还对养殖户进行技术培训，并指导养殖户进行定向选种、选配。

在饲养管理上，根据会员提出的目标，技术人员到现场考查，根据实际情况提出改进措施，为养殖户精确测算经济效益，供养殖户采用。后裔测定站和奶牛生产性能测定(DHI)测定站每个月向会员发布测定信息。针对测定结果，给养殖户测算出总体效益，并提出建议和指导意见。对养殖户出售的青年公牛，派人进行评定，按评定标准评出等级，使养殖户在市场拍卖时能获得较高的利润。

第二篇　培育篇

第三章　德系西门塔尔牛核心群建立

德系西门塔尔牛在我国的推广最早源于2004年德国宝牛北京代表处的设立，但该品种在国内的培育与纯种扩繁主要源于山东省畜牧兽医局与张北华田牧业科技有限公司的合作。2006年，山东省畜牧兽医局与张北华田牧业科技有限公司引进德系西门塔尔牛胚胎100枚，先后在山东高密、河北张北开展移植，共怀孕51头，出生46头，共获纯种德系西门塔尔公牛27头、母牛19头，并以此为基础，在两地组建了德系西门塔尔牛母牛核心群，开始了德系西门塔尔牛在国内的纯种扩繁与培育。

张北华田牧业科技有限公司是当前国内最大的德系西门塔尔牛繁育基地，以最初的13头胚胎移植德系西门塔尔牛为基础，引进德国宝牛育种中心与德国巴伐利亚基因公司的优秀公牛精液开展遗传改良，并利用胚胎移植技术开展种群的快速扩繁，加强生产性能的测定工作，经选育后的纯种母牛进入核心育种群，选育后的优秀种公牛进入山东省种公牛站有限责任公司开展冷冻精液制作与推广，部分种公牛销往国内其他省份。

目前，该公司的德系西门塔尔牛核心群已达到500多头。通过开展生产性能测定发现，核心群个体生长发育长势良好，日增重最高可达1.4 kg，肉用性能表现优秀。在乳用性能方面也表现不俗，群体年产奶量可达7000kg，乳品质高。该场已入选中德项目合作示范场与国家首批国家级肉牛核心育种场。

为进一步扩大德系西门塔尔牛在山东乃至全国的推广应用，2008年8月，山东省畜牧兽医局与张北华田牧业科技有限公司共同出资成立山东省种公牛站有限责任公司，主要开展种公牛后期培育、饲养及冷冻精液制作与推广。经过多年的扩繁与培育，张北华田牧业科技有限公司及其控股的山东省种公牛站有限责任公司已存栏德系西门塔尔牛核心群近500头，通过遗传改良年产纯种德系西门塔尔牛近200头，种公牛已推广至山东、黑龙江、吉林、云南、贵州、河南等地的种公牛站与繁育场。

此外，山东省内的烟台市元化肉牛养殖有限公司也于2009年从高密市乳肉兼用牛推广中心购得胚胎，移植德系西门塔尔母牛4头，并以此为基础，通过人工授精、胚胎移植等技术开展纯种德系西门塔尔牛的改良与扩繁。目前，该公司存栏德系西门塔尔牛与本地牛的杂交二代800多头，并逐步进入产犊期。可以预见，不久的将来，一个新的德系西门塔尔高代杂交群将会形成，这为下一步开展乳肉兼用牛新品系的培育奠定了基础，也为德系西门塔尔牛在山东乃至全国的推广、示范与应用起到了重要的推动作用。

第四章　德系西门塔尔牛种公牛培育

山东省种公牛站有限责任公司作为张北华田牧业科技有限公司控股的育种企业，多年来由张北华田牧业科技有限公司引进德系西门塔尔种公牛开展后期培育。目前，该公司存栏一级以上德系西门塔尔种公牛 60 多头，年产冻精 130 万剂，主要推广至山东、新疆、安徽、甘肃、青海、内蒙古、吉林、江西、广西、贵州等十几个省份。张北华田牧业科技有限公司与山东省种公牛站有限责任公司已基本形成了国内“繁、育、推”一体化的德系西门塔尔牛培育推广新体系。

近年来，山东省种公牛站有限责任公司与山东省畜牧总站合作，开展了奶牛的 DHI 测定工作。通过该工作的开展，可以掌握德系西门塔尔牛与本地牛或中低产奶牛杂交后代的乳用生产性能，为开展德系西门塔尔种公牛的后裔测定工作奠定了基础。

在多年的德系西门塔尔牛扩繁与研究中，公司形成了科学的德系西门塔尔种公牛培育技术规范，主要包括犊牛的管理技术及种公牛的培育技术。

一、犊牛的管理技术

（一）预产期计算

母牛的怀孕期平均为 280 天，变动范围为 274～290 天。预产期的推算方法为月份数减 3（或加 9），日期数加 6，即最后一次输精的月份减去 3（或加上 9），日期加上 6。

（二）母牛产前观察

母牛临产前 7 天转入产房。产前 1～2 天，母牛臀部尾根韧带松弛，尾根两侧出现凹陷。临产时，母牛出现阵痛，表现为不安、回头望腹。

（三）产房准备

产房要求宽敞洁净，牛床铺柔软干草。接产工具包括助产绳、水桶、剪刀、毛巾、肥皂、干净擦布、结扎脐带用线绳、注射器、针头、刷子等，并提前消毒。药品包括碘酊、酒精棉球、新洁尔灭（苯扎氯铵）、高锰酸钾消毒液等。

（四）接产

（1）母牛临产前安排专人进行值班看护，尤其要有夜间值班。

（2）接产时先给母牛外阴部、尾根及后躯消毒，然后观察母牛努责。

（3）正常分娩的胎儿两前肢与头先露出产道，可撕破羊膜，羊水接入水桶内，产后喂给母牛。

(4)胎儿头或前肢、后肢露出身体外1小时以上,仍不能顺利产出的,需要实施人工助产。助产人员视情况,用手抓住,或用助产绳拴住胎儿前肢或后肢,乘母牛努责时一起用力拉出。其他人员做好母牛会阴部位的防护工作,防止会阴部撕裂。

(5)胎儿产出后清除其身体及口鼻处黏液。对于发生吸入黏液呼吸困难的犊牛,助产人员要提起后肢,拍打胸部并按压心脏,促其恢复呼吸。

(6)出生后脐带已断的犊牛,先挤出断端内容物,剪断脐带,用5%～10%的碘酊消毒。出生后脐带尚未断的犊牛,将脐内血液向脐部推移,在距腹部约8 cm处用无菌剪刀剪断脐带,将残留在脐带内的血液挤净,然后用5%～10%的碘酊消毒。

(五)犊牛的饲养

1. 哺乳期犊牛的饲养

(1)哺乳:犊牛出生后2小时内吃上初乳,初乳饲喂4～7天。初乳喂量应根据犊牛体重和健康状况而定,第一天初乳喂量可控制在1～2 kg,以后每日按体重的8%～10%饲喂,日喂3次。初乳期过后转为常乳饲喂,日喂量为体重的10%左右,日喂2次。哺乳期60～90天,哺乳量300～400 kg。母牛与犊牛不分离时,自由哺食初乳,必要时人工辅助。

(2)草料补饲:犊牛哺乳7天后调教采食补饲开食料及优质干草,自由采食,少喂勤添,保持草料新鲜。犊牛开食料采食量达到1.5 kg后,犊牛可以断奶。

(3)饮水:供给充足的清洁饮水,冬季饮温水,防止饮冰水。

2. 断奶后至6月龄犊牛的饲养

(1)断奶后犊牛的开食料喂至4月龄,喂量1.5～2 kg。4月龄后换成青年牛精料补充料。

(2)自由采食优质豆科干草或豆科禾本科干草混合物,每日1.8～2.5 kg。

(3)自由饮水。

(六)犊牛的管理

(1)编号、称重、记录。对新生犊统一编号、称重(初生重)。3月龄内每月称重1次,6月龄称重1次,作好详细记录。

(2)哺乳。犊牛喂奶做到五定:定位、定时、定量、定温、定人。

(3)饮水。出生后7天可饮用添加牛奶的温开水,10～15天可直接饮用温开水。水温不宜低于15 ℃,冬季不低于10 ℃。

(4)卫生。犊牛的饲养环境、牛舍、用具及牛体均要保持良好的卫生。牛舍要定期打扫、消毒,保持清洁、干燥、空气流通。用具要用水冲洗、晾干并消毒。牛体要定期刷拭,每天1～2次。

(5)健康观察。每天对犊牛进行观察,发现异常及时采取措施。观察内容包括犊牛的被毛、眼神、食欲、粪便、气喘、体温、卫生等。

(6)运动。出生后7天户外运动时间不超过1小时,1月龄后运动时间可增加至2～3小时,温暖季节可适当延长。

(7)去角。4～10日龄去角,具体方法是采用氢氧化钠(苛性钠)涂抹或电烙铁烙烫。

(8)分栏。犊牛断奶后可进行小群饲养,根据年龄、体重分群,每10～15头一群。

(9)预防疾病。犊牛期要预防犊牛肺炎及下痢,具体措施是做好保温工作,保持良好的卫生条件。

二、种公牛的培育技术

(一)种公牛的来源

(1)种公牛的来源要符合种畜禽管理条例的相关要求。种公牛档案要三代谱系清楚，须从具有《种畜禽生产经营许可证》的单位或个人处引进。

(2)种公牛引进前，要根据当地检疫部门要求开展部分传染性疾病的检测，以确保种公牛健康。

(二)后备公牛的选择

(1)初生至6月龄(断奶):符合本品种外貌特征，无生理缺陷，无疾病，且系谱资料健全。

(2)6月龄至调运时月龄(一般在12月龄以内):生长发育正常或突出，个体估计育种值较高，无疾病。

(三)生产性能的测定

(1)种公牛的生产性能测定性状包括各生长阶段体重、体尺、睾丸围、背膘厚、眼肌面积、与配母牛产犊难易度、体型评分。

体重:公牛初生、断奶(一般为6月龄)、12月龄、18月龄、24月龄的体重。

体尺:体高、十字部高、体斜长、胸围、腹围、管围。

睾丸围:12月龄、18月龄、24月龄的睾丸围。

与配母牛产犊难易度:顺产、助产、引产、截胎或剖宫产四个等级。

体型评分:18～24月龄、30～36月龄及36月龄以上各进行1次公牛体型评分。

(2)种牛场承担公牛离场前的性状测定，为种公牛站提供必要的测定数据及谱系资料。种公牛站承担公牛进站后的性状测定及体型评分，并根据要求向农业部指定部门(种公牛评价组织)上报性状测定数据等相关资料。不具备条件的种牛场或种公牛站应委托相应的测定中心或测定站实施。

(四)种公牛的饲养管理

1. 人员的管理

(1)牛场工作人员应持健康证上岗，并每年进行一次健康检查。

(2)设立专门的兽医岗位，场内兽医人员不应对外出诊，不应对外开展牛配种工作。

(3)场内工作人员不应携带非本场的动物食品及其他与生产无关的物品入场。

(4)饲养人员必须熟悉种公牛的习性，对种公牛要有足够的耐心，不得威胁、恐吓公牛，严禁殴打公牛，以免引起公牛的报复性袭击。

(5)饲养人员进入牛舍时，必须穿戴好工作服、工作鞋、工作帽。

(6)饲养人员应随时注意观察牛群的精神、体表、粪便情况，若发现异样，应及时向管理人员反映，不得延误、隐瞒。

2. 公牛的饲养管理

(1)基本原则:

①精料的配制严格按照种牛的饲养标准执行，所配制的精料要定期进行营养成分分析，以免实际值和理论值之间出现误差。

②每次饲喂前，应注意观察精料的色泽、气味是否正常，草料是否有霉变。若发现有问题，立即停止饲喂，等待管理人员的处理。

③服从管理人员对特定牛的特别饲喂，积极主动地协助兽医开展诊治工作。

④发现饲料中有异物应及时捡出。

⑤严禁浪费精、粗饲料。

(2)育成公牛的饲养管理：

①分群。公犊断奶后转入育成牛舍，根据年龄和体格大小进行合理分群。同群牛的月龄差异不应超过 2 个月，体重差异低于 30 kg。

②穿鼻。育成牛在 7～12 月龄时根据饲养的需要适时进行穿鼻，并带上鼻环。

③饲喂：

A. 断奶至周岁阶段。精料的喂量为 2～4 kg，在采食完草料后饲喂，饲喂方式是精料与水混匀，干湿度适宜，少喂勤添。粗料的喂量为牛体重的 1.2%～2%，以优质干草最好，可以用适量的多汁料替代干草，但青贮料不应过多使用。

B. 周岁至初配阶段。精料的喂量为 3～6 kg，在采食完草料后饲喂。饲喂方式是精料与水混匀，干湿度适宜，少喂勤添。粗料的喂量为牛体重的 1.5%～3%，以优质干草最好，必须限制饲喂容积大的多汁料、青贮料和秸秆等粗料。特别注意添加钙、磷、食盐、维生素 A 等。

④运动。每天应至少有 2 小时的自由运动时间，必要时可进行驱赶运动。

⑤称重。育成公牛每月称重 1 次，及时了解公牛的生产发育情况、饲养管理的效果及疾病的预防。

⑥刷拭和调教。每天应刷拭 1～2 次，每次 5～10 分钟。开始采精前要进行必要的调教，包括拴系和牵引训练、爬跨训练，每周 2～3 次。

⑦制订生长计划。根据不同年龄的生长发育特点、饲草和饲料的供应状况，确定不同日龄的日增重幅度，制订生长计划。一般在初生至初配，活重应增加 10～11 倍，2 周岁时为 12～13 倍。

(3)成年公牛的饲养管理：

①牵引和拴系。种公牛牵引应坚持双绳牵系，对于烈性的种公牛必须用勾棒牵引。

②饲喂：

A. 精料的饲喂要求按制度定时、定量。早上 7:00、下午 3:00 各饲喂一次，采食完粗料后饲喂，每日每头牛的喂量为牛体重的 0.5%～1%，或按管理人员安排的数量执行，严禁多喂、少喂或漏喂。饲喂粉料时要求精料与水混匀，干湿度适宜。在饲喂青贮料的情况下，可以将精料和青贮料混匀后饲喂。

B. 干草的饲喂要求少量多次、定时定量。每日每头牛的喂量为牛体重的 1%～1.5%，视干草质量而定。

C. 青草旺季可饲喂部分青草，青草淡季可饲喂块根、块茎类饲料，每日每头牛的喂量为牛体重的 0.8%～1%。在不饲喂青贮料的情况下，每日每头牛的喂量可以达到牛体重的 1%～1.5%。

D. 青贮料每日每头牛的喂量为牛体重的 0.5%，但总量控制在 8 kg 以内。

③称重和分群：

A. 称重。成年种公牛应每月称重 1 次，及时了解公牛的生产发育情况、饲养管理的效果及疾病的预防。

B. 分群。按体重、年龄、强弱分群饲养，观察牛群健康状态，发现问题及时处理。

④修蹄和护蹄。每年春、秋两季对成年种公牛各进行 1 次浴蹄和修蹄，蹄形不正要进行校正。

⑤编号。用打耳标等方法给所有牛编号，所用编号要符合《畜禽标识和养殖档案管理办法》的要求。

⑥梳理和刷刨：

A. 冬、春两季每天上午、下午各梳理和刷刨公牛 1 次，夏、秋两季每天梳理和刷刨公牛 1 次。

B. 每次梳理和刷刨必须全面、周到、细致，清除牛体各部位上的尘土、污垢，特别是头部、颈部、角基和额部的污垢。

C. 不得在饲喂时进行梳理和刷刨。

⑦运动。成年公牛应坚持自由运动，必要时可进行驱赶运动，时间为上午、下午各 1 次，每次 1～2 小时。

⑧睾丸按摩和护理。每次 5～10 分钟，应保持阴囊皮肤的清洁卫生，且定期进行冷敷。

⑨采精制度。成年公牛每周 1～3 次，每次可射精 2 次，间隔 10 分钟。幼龄公牛从 12 月龄开始，每周或每 10 天采精一次。

⑩清洁。保持良好的圈舍卫生及牛体卫生，随时清除粪便。

此外，成年种公牛夏季饲养时要特别注意增加饲料营养浓度，适当增加青草的喂量，选择早晚凉爽的时间运动；采精时间安排在早上凉爽的时间进行，气温较高时冲澡降温并适时停止采精。冬季做好防寒保暖工作，同时注意补充胡萝卜等块根、块茎饲料，以补充维生素等。

3. 人畜安全

(1)饲养员进入牛舍后必须密切注意种牛活动，受到攻击时要充分利用护栏保护自己，保证人畜的安全。

(2)采精时，饲养员要事先检查一下牛鼻圈、牵引绳是否牢固，认真牵引好公牛，灵活主动地协助采精员完成公牛的采精工作。

(3)保持牛舍的安静，不得在牛舍内打斗、喧哗。严禁闲杂人员进入牛舍。

4. 灭蚊蝇、灭鼠、驱虫

(1)定期对蚊蝇滋生地喷洒消毒药物，消灭蚊蝇。

(2)使用器具和药物灭鼠，及时收集死鼠和残余鼠药，并做无害化处理。

(3)选择高效、安全的抗寄生虫药物驱虫，每年体内外驱虫 2 次，春、秋季各 1 次，以口服、针剂注射相结合，可选用主要成分为阿维菌素或伊维菌素的药物，剂量及使用方法以药品使用说明为准。

(五)采精与精液检查

对生长发育正常、无疾病的 14～18 月龄公牛开始采精及冷冻精液的生产，并对新鲜精液色泽、外观进行检验，对精液活力、畸形率、密度进行检测。对冷冻后精液开展精子活力、前进运动精子数、精子畸形率、细菌菌落数等指标检测，根据精液冷冻前后的各指标情况，判定公牛的繁殖能力。

(六)种公牛的选留与淘汰

(1)根据公牛估计育种值与体型外貌评分，公牛体成熟前的总选留比例控制在 30%～50%。

(2)对具备以下情况之一的公牛应做淘汰处理。

①采集精液连续生产 1 年以上，且新鲜精液及冻后精液达不到以下指标要求之一的：

鲜精活力≥65%；

鲜精精子密度≥6×10^{8}个/mL；

鲜精畸形率≤15%；

冻后活力≥35%；

冻后前进运动精子数≥800 万个；

冻后精子畸形率≤18%；

冻后细菌菌落数≤800 万。

②出生至采精期间，平均日均增重低于本品种 90%以下的。

③患有繁殖性能疾病而不能采精的，或影响种公牛采精的其他疾病的。

④种公牛经评价为一级以下的。

第三篇　推广篇

第五章　德系西门塔尔牛引进

西门塔尔牛作为世界上分布最广泛的乳肉兼用牛品种，曾于 20 世纪 70 年代引入山东省胶东地区，对全省地方肉牛的改良起到了重要作用，但主要是利用了西门塔尔牛的肉用性能，其乳用性能一直未充分开发。随着 90 年代的“疯牛病”爆发，我国停止由欧洲引进牛的遗传物质材料。在此期间，德国西门塔尔牛形成了乳肉生产性能比较稳定的优秀西门塔尔牛新品系。进入 21 世纪，德国巴伐利亚州宝牛育种中心在北京设立代表处，开始了德系西门塔尔牛在我国的推广应用。

德系西门塔尔牛在山东的推广主要源自山东省畜牧主管部门的推动。2006 年，山东省畜禽良种推广中心引进德系西门塔尔牛胚胎，并在东营市广饶县首先开展胚胎移植工作，于次年喜获德系西门塔尔胚胎牛 11 头。自此，德系西门塔尔牛的推广工作正式开始。

2006 年 9 月，山东省畜牧办公室与德国宝牛育种中心正式接触，决定在山东开展西门塔尔牛合作项目，并共同争取入选山东省与巴伐利亚州政府合作项目。10 月，慕永太主任到高密调研，提出在胶东半岛建立乳肉兼用牛生产基地。基地建设的初步目标是，引进德国乳肉兼用牛冻精细管和胚胎，用十几年的时间在胶东半岛建成乳肉兼用牛生产基地。11 月，山东省畜牧办公室召开青岛、烟台、潍坊及东营有关项目负责人参加的“加快发展乳肉兼用牛推广”会议，并邀请了山东省政府驻巴伐利亚州办事处首席代表，进一步商讨在胶东地区发展乳肉兼用牛项目。随后，山东省畜牧办公室组织山东省畜牧兽医站和山东省畜禽良种推广中心等有关单位，到招远、莱阳、莱西、平度、高密等县市考察。对西门塔尔牛在胶东半岛的适应性、农民的接受程度，以及胶东半岛饲养奶牛的习惯等进行调查研究。

2007 年 1 月 31 日，山东省农业厅向省政府上报了《关于与德国巴伐利亚州合作建立胶东半岛乳肉兼用牛生产基地项目的请示》(鲁农发〔2007〕3 号)。省政府领导对该项目非常重视，省财政厅等单位对交办的该项目事宜给予了答复及积极支持。随后，山东省畜牧兽医局划拨专款筹备建设胶东半岛乳肉兼用牛生产基地，并在高密市成立高密市乳肉兼用牛推广中心，主要引进、饲养德系西门塔尔胚胎移植出生的纯种牛，同时开展纯种繁育。组织成立鲁德宝牛农民专业合作社，以合作社为抓手，带动广大养殖户饲养德系西门塔尔牛。引进德系西门塔尔牛冻精 20000 剂，在高密、莱阳、招远、临朐、广饶等地免费开展冷配，并开展优良西门塔尔牛登记工作。首批登记西门塔尔牛 14000 多头，乡镇 48 个，养殖户 4200 多户。

2008 年 4 月 1 日，农业部国际合作司与德国巴伐利亚州农业部签订了德系西门塔尔牛合作协议，在北京举行了项目实施方案签字仪式暨新闻发布会，组织实施德系西门塔尔乳肉兼用牛推广项目。山东省是全国首批 7 个示范省之一。

自此以后，山东省通过成立基层推广合作社、建立核心母牛群与种公牛站、开展乳肉兼用牛良种补贴等诸多措施，在全省范围内开展起乳肉兼用牛的大范围推广与应用。

第六章　成立推广组织与机构

为进一步加快德系西门塔尔牛在胶东地区乃至全省的推广与应用，山东省畜牧主管部门要求省级及以下各级部门成立德系西门塔尔牛冷冻精液及配套技术推广服务机构，成立技术服务队伍，各级推广机构之间要建立业务联系，开展经常性技术服务培训，提升技术团队业务能力。

最初，省级以山东省畜牧兽医总站与山东省畜禽良种推广中心牵头组织。2008 年 3 月，随着畜牧兽医体制改革的推进，省畜牧兽医总站与省畜禽良种推广中心合并成立山东省畜牧总站，并成为德系西门塔尔牛在全省推广的龙头。

为解决德系西门塔尔牛冷冻精液进口手续繁杂与成本高的问题，山东省决定成立良种生产基地，开展德系西门塔尔牛的生产。山东省畜牧兽医局与合作方多次协商洽谈，在 2008 年 8 月 8 日与张北华田牧业科技有限公司合作，共同出资 700 万元成立山东省种公牛站有限责任公司。公司主要职能是开展良种肉用、奶用及乳肉兼用种公牛的引进和培育，冷冻精液制作与推广，肉牛育肥及相关技术开发。

项目推进过程中，省级主管部门曾计划成立省、市级德系西门塔尔牛繁育推广技术合作社，但由于受相关政策的限制，省、市两级合作社未能实现成立，只能在县级成立类似机构。最终，省级成立山东省畜牧协会乳肉兼用牛分会，协助牵头单位负责全省乳肉兼用牛的引进与品种推广，协调饲养、加工和市场销售等环节的有序运营。

各地级市分别成立了以畜牧主管部门主要领导为组长、畜牧技术推广机构参与的临时性机构。

根据省级主管部门要求，全省各项目县(市、区)成立县级德系西门塔尔牛繁育推广专业合作社。2007 年 12 月 5 日，高密市成立全省首家德系西门塔尔牛专业合作社——山东高密鲁德宝牛繁育推广专业合作社。之后，项目县(市、区)相继成立近 20 家专业合作社，为德系西门塔尔牛在山东的推广应用奠定了基础。

随着各级推广机构、组织的成立，以省畜牧总站为推广龙头，市、县、乡技术推广机构、专业合作社参与的“四级”西门塔尔牛繁育体系基本形成。2008～2016 年的 9 年间，在省级财政资金的支持下，由山东省种公牛站有限责任公司作为供种单位，以国外引进德系西门塔尔牛冻精为补充，先后在全省以胶东地区为主的 63 个县(市、区)开展推广，改良本地肉牛、低产奶牛近 70 万头，以胶东半岛为主的乳肉兼用牛基地基本形成，并有效地推动了全省的肉牛与低产奶牛的改良工作。

第七章　推广与应用情况调查

为进一步扩大德系西门塔尔牛的推广力度，加快该品种牛对山东省地方肉牛及低产奶牛的改良速度，提高推广效率，自 2008 年起，山东省畜牧兽医局协调省财政厅，每年拨付一定的资金用于乳肉兼用牛良种补贴，主要用于项目县(市、区)的登记良种牛饲养补贴与德系西门塔尔牛冻精补贴。2008 年，对高密、广饶、莱阳、临朐、招远等 5 个县(市)的 1000 头后备母牛实施补助，每头牛补贴 500 元，共计 50 万元；2008～2010 年、2012～2016 年的 8 个年度，总计安排良种补贴资金 2370 万元，补贴冻精 116.5 万剂，在烟台、东营、潍坊等 15 市的 63 个县(市、区)实施推广，改良本地肉牛及低产奶牛近 70 万头(次)。由于该品种牛与本地肉牛的杂交后代具有初生体重大、生长速度快、耐粗饲、抗逆性强等特点，深受广大养殖户的欢迎。低产奶牛改良后，奶牛产奶量不降低，但牛奶质量明显提升，乳脂肪、乳蛋白含量有所提高，奶牛抗逆性明显增强，生长速度明显加快，奶牛淘汰残值大幅提高。

根据项目有关要求，省局畜牧处、规财处与省畜牧总站先后于 2010 年、2013 年、2014 年分 3 次在项目实施区域组织调查摸底。

一、2008～2011 年项目县(市、区)应用情况调查

山东作为全国的畜牧业大省，自 2006 年 7 月开始探索德系西门塔尔牛的引进，并经省政府立项。省财政设立专项资金以引进该品系牛的冷冻精液并开展推广，以潍坊、烟台、济南等地的 15 个县(市、区)作为试点，并于 2008 年由山东省畜牧总站牵头成立了山东省种公牛站有限责任公司以加大该品系牛的推广力度。这一系列的举措都为山东省乳肉兼用牛的发展提供了强有力的保障。

(一)项目县(市、区)的具体措施

(1)成立领导小组，加强组织领导。如为确保乳肉兼用牛推广工作扎实、快速、有效推进，烟台在市级成立了由市畜牧局局长任组长、各有关县(市、区)畜牧局局长任成员的烟台市德系西门塔尔牛发展工作领导小组。同时，成立德系西门塔尔牛发展专家组，具体负责德系西门塔尔牛推广技术的培训与指导。各项目县(市、区)也都成立了由畜牧局局长任组长、乡镇兽医站站长任成员的德系西门塔尔牛发展工作领导小组。在其他项目县(市、区)，分别成立领导小组，切实做好德系西门塔尔牛的推广应用工作。

(2)制定并实施德系西门塔尔牛繁育规划。如烟台、潍坊从全市发展实际情况出发，

制订乳肉兼用牛繁育规划和乳肉兼用牛良种补贴实施方案，详细部署德系西门塔尔牛推广工作的各项任务，开展乳肉兼用牛的繁育工作。

(3)积极开展普查登记，并健全档案管理。根据项目实施要求，15 个项目县(市、区)主要做了如下工作：一是，建立基础母牛档案。对西门塔尔牛进行普查、登记，选定优良西门塔尔牛饲养户，并将数据统一录入计算机实行动态管理。二是，建全配种档案。项目实施中，良种冻精统一购进、统一发放，做好记录，由人工授精员对饲养户所养的优良西门塔尔牛进行配种，认真填写配种记录登记表并上报存档。做到良种引进有记录，发放使用有明细，改良后代有档案。三是，改良后代良种登记。根据配种档案及时跟踪产仔情况，搞好初生重、体尺测量及生长发育情况测定，选择优秀后备母牛拍照造册、建档立卡，纳入重点管理。

(4)加强培训，做好技术指导工作。如烟台市于 2010 年 4 月在莱阳市举办了烟台市德系西门塔尔牛繁育及饲养管理技术培训班，开展了德系西门塔尔牛良种繁育、饲养管理等方面的专题讲座，培训各级畜牧技术推广人员 180 名，编写了《德系西门塔尔牛推广技术手册》和三期德系西门塔尔牛技术光盘，对德系西门塔尔牛的优点、饲养管理、育肥方式和疾病预防等进行了详细的阐述。临朐县制定了人工授精人员管理考核办法，对人工授精人员的技术水平、服务态度、任务指标、收费标准、表格填写上报及服从管理等情况进行规范和考核，对考核总分前 5 名的人员奖励现金 600 元，6～15 名的奖励 200 元，考核不足 70 分的给予警告、停业整顿，连续两年考核不足 70 分的吊销种畜禽生产经营许可证，不得再从事人工授精工作。通过考核，增强了人工授精人员的责任感和压力感，提高了工作积极性和工作水平，为项目的顺利实施提供了技术服务保障。

(5)成立乳肉兼用牛繁育推广专业合作社。各项目县(市、区)积极成立乳肉兼用牛繁育推广专业合作社，已成立 14 个，社员总数达到 5825 人，共存栏德系西门塔尔牛 25000 多头。通过合作社组织实施乳肉兼用牛良种补贴项目，提供冻精供应、配种指导、疫病诊疗等服务。同时，利用合作社的约束力，规范饲养管理，杜绝出现养殖户随意处置后备牛的现象。

(二)推广的具体情况

1. 良种引进、冷配和改良情况

据调查，山东省 6 个地市的 15 个项目县(市、区)共计领取财政补贴冻精 199418 剂，改良地方牛 78100 头，共出生杂交一代 14335 头，共建立示范场 14 个、示范户 431 个、示范村 246 个，较好地推动了改良示范地区奶牛与肉牛业的发展(见表 7-1)。

表 7-1　　山东省德系西门塔尔牛推广情况统计表

地区	冻精领取数量(剂)	改良牛数(头)	杂交一代(头)	示范场(个)	示范户(个)	示范村(个)
烟台(5 个)	63718	28330	7020	2	17	188
潍坊(6 个)	78062	29979	4110	1	189	58

续表

地区	冻精领取数量（剂）	改良牛数（头）	杂交一代（头）	示范场（个）	示范户（个）	示范村（个）
日照(1个)	20000	1650	422	—	—	—
东营(1个)	20000	10160	—	7	200	—
济南(1个)	8338	3628	1860	4	20	—
滨州(1个)	9300	4353	923	—	5	—
合计(15个)	199418	78100	14335	14	431	246

2. 良种登记、养殖档案建立情况

本次检查过程中，对15个县(市、区)参加改良的母牛建立了养殖档案。养殖档案内容主要包括畜主名称、牛照片、牛冷配日期、杂交牛出生日期、杂交牛初生重以及生产发育情况等。检查中发现，大部分县(市、区)对工作开展比较重视，全部建立了养殖档案及可繁母牛登记，为下一步良种牛推广打下了基础。开展良种登记，建立母牛养殖档案，是推动山东省养牛业发展的必要手段与措施，是牛良种化建设与可持续发展的基础，是下一步此类项目开展的重点工作。

(三)改良效益及示范带动情况

本次调查过程中，调查小组在每个县(市、区)抽查2个规模大户、10个散户。据现场调查得知，乳肉兼用牛越来越受到养殖户喜欢，60%以上的规模育肥牛场饲养乳肉兼用品种，乳肉兼用牛饲养大户开始出现。如莱阳富华养殖有限公司就饲养乳肉兼用母牛300多头，母牛生长态势良好。据其经理介绍，准备从国外进口乳肉兼用牛胚胎，扩大乳肉兼用牛的养殖，使乳肉兼用牛在乳方面充分发挥效益，填补山东省高档原料奶不足的局面。莱州、寒亭地区出现了利用乳肉兼用牛改良低产黑白花奶牛的养殖场，现在出生杂交牛12头(4～8月龄)，改良后代的前期发育明显优于黑白花奶牛，其后躯及胸深具有肉牛的典型特征。

(四)存在问题

(1)系谱档案记录不规范，良种登记不连续，没有建立稳定的良种登记电子系统。从检查的情况看，各地系谱档案建立各式各样，且登记数据简单，没有起到很好的良种登记作用。杂交后代牛的生产性能测定开展不够全面、不到位，还需要在下一步的推广工作中进一步加强。

(2)组建乳肉兼用牛核心繁育场难度大。由于目前乳肉兼用牛是杂交改良，母牛产乳性能短期内难发挥效益，所杂交的母牛分散饲养，母牛大部分不挤奶，致使乳肉兼用牛乳用价值流失，很难起到示范带动的作用。

(3)缺少规范的饲养管理模式。乳肉兼用牛在山东省推广的三年多时间里，主要方式是杂交改良本省的西门塔尔牛。乳肉饲养管理标准、乳肉兼用牛饲养规模、乳肉兼用牛乳品加工、乳肉兼用牛公犊育肥等相应的技术都没有标准。技术的缺位也导致乳肉兼用牛的改良还需要漫长而复杂的过程。

(4)乳肉兼用牛的国家扶持单一,推广难度大。乳肉兼用牛的扶持主要是良种补贴。这几年杂交改良牛很多,但乳肉兼用牛母牛留存受经济效益的影响,难度大,很多养殖户看到市场行情好,就卖掉了,级进杂交失去了基础。另外,杂交牛分散养殖,基层畜牧工作人员调查统计、管理服务等工作量大,且部分基层人员缺乏经费支持,导致信息档案不能及时更新,给改良育种带来了困难。

(五)对策及建议

乳肉兼用牛品种的推广,对实现山东省奶牛品种多元化,提高山东省乳品质量,增加山东省牛肉产量,增加农民收入具有重要的意义。为继续做好山东省乳肉兼用牛推广工作,提出如下建议:

1. 全省范围内建立起良种登记管理信息平台

建立山东省乳肉兼用牛良种登记管理信息平台,内容包括繁育、保健、疫病防治、饲料营养分析、DHI分析报告等,加强乳肉兼用牛数据管理规范化,实现牛只数据采集、分析、处理、发布等所有功能,向畜禽养殖户提供技术指导,有效指导牛场牛只群体性能改良。

2. 组织引导建立乳肉兼用牛基本核心群体

将乳肉兼用牛的发展同山东省奶牛高速发展结合起来,重视乳肉兼用牛群体的建立。政府部门出台乳肉兼用牛发展措施,鼓励建立乳肉兼用牛核心群,金融部门在信贷方面也应多向乳肉兼用牛核心群建设倾斜。

3. 引导奶牛场提高乳肉兼用牛比例

政府部门引导并鼓励乳肉兼用牛在大型奶牛场中占有一定比例,鼓励乳品企业收购奶源时以质论价。

4. 继续开展各种形式的专业培训

继续开展各种形式的专业培训,尤其是优质饲草饲料制作及饲养管理技术的培训,提高养殖户和规模场的科技水平。

5. 加大财政扶持力度

对示范户与规模场加大补贴力度,可以在场地建设、优质饲草推广及良种补贴的多种形式上予以扶持,将有计划扩大规模且缺乏资金的优先列入补贴鼓励范围。

二、2012～2013年项目县(市、区)应用情况调查

为进一步了解德系西门塔尔牛的应用效果,我们于2013年初对胶东半岛部分推广县(市、区)的开展推广情况调研,摸清了德系西门塔尔牛在该地区的推广应用效果,以及应用过程中的主要经验、做法、效益、存在问题和建议。

(一)品种介绍及推广的意义

随着山东省养牛业的发展和乳品加工能力的不断提高,乳品加工企业对高档原料奶的需求越来越迫切,规模育肥场对肉用犊牛的需求也不断增加。所以,引进优质乳肉兼用牛品种改良部分低产奶牛,提高其产奶性能,改善其乳质,已经成为促进奶牛、肉牛业发展的重要措施之一。德系西门塔尔牛以其较高的乳产量、较优的乳质量、较强的抗病性等成为优秀改良父本的首选。该品种成年公牛体重平均为1000～1200 kg、母牛为650～

800 kg;公牛平均日增重 1350 g,屠宰率平均为 70%,净肉率平均为 60%;母牛平均年产奶量为 6768 kg,乳脂率平均为 4.1%,乳蛋白率平均为 3.53%,综合生产性能与效益明显优于其他牛种和其他国家的西门塔尔牛。

通过引进该品种,可以对山东省本地黄牛及杂交牛起到较好的改良效果,增加其肉用性能的同时还能有效提高母牛的产奶水平。对低产奶牛的改良效果初显,其后代犊牛的抗病性效果更为明显,受到了广大规模养殖场(户)的欢迎。与此同时,该品种的引进也丰富了山东地区的牛品种资源,对山东乃至全国的养牛业发展具有积极的意义。

(二)推广技术路线

在肉牛、奶牛优势县(市、区)开展德系西门塔尔牛冻精推广,以德系西门塔尔牛为父本,杂交牛、本地牛及低产奶牛为母本开展级进杂交,对所产后代的生产性能进行测定,主要包括杂交后代的体尺、体重、屠宰率、净肉率、产奶量、乳脂率、乳蛋白率及干物质含量等指标,以评定该品种的改良效果及贡献。

(三)示范区的应用情况

1. 推广规模

自推广德系西门塔尔牛以来,山东将品种区域试验与胶东半岛乳肉兼用牛基地建设项目结合,共计发放德系西门塔尔牛冻精 30 余万剂,经过 5 年多的推广使用,已改良当地牛、杂交牛及低产奶牛近 25 万头(次)。截至目前,项目区存栏德系西门杂交一代约 55700 万头、杂交二代约 11000 头、杂交三代约 1300 头,与低产奶牛的杂交一代存栏约 8000 头。

2. 改良效果

德系西门塔尔牛改良后代以其母本、饲养方式不同而效果存在差异,现以临朐县的调查数据为例进行介绍。

(1)德系西门塔尔牛与本地牛杂交后代牛不同阶段的生长性能测定:据临朐县德系西门塔尔牛杂交一代犊牛初生时的体重、体尺统计,初生时公母犊平均体重为 39.5 kg,其中公犊平均体重为 40.5 kg,母犊平均体重为 38.5 kg。公母犊初生平均体高为 70 cm,体斜长为 68 cm,胸围为 81 cm,管围为 11.5 cm。当地犊牛初生时平均体重为 33.2 kg,体高为 61 cm,体斜长为 59 cm,胸围为 60 cm,管围为 8.5 cm。杂交犊牛比当地犊牛初生重增重 6.3 kg,提高 19%。

据 130 头 3 月龄德系西门塔尔杂交一代牛的体重、体尺统计,公母牛平均体重为 121.5 kg。公牛体高为 108 cm,体斜长为 110 cm,胸围为 131 cm,管围为 13.6 cm;母牛体高为 103 cm,体斜长为 106 cm,胸围为 123 cm,管围为 12.7 cm。当地肉牛 3 月龄平均体重为 100.4 kg。杂交牛比当地牛增重 21.1 kg,提高 21%。

据 90 头 6 月龄德系西门塔尔杂交一代牛的体重、体尺统计,公母牛平均体重为 210.2 kg。公牛体高为 116 cm,体斜长为 120 cm,胸围为 140 cm,管围为 15.0 cm;母牛体高为 110 cm,体斜长为 116 cm,胸围为 132 cm,管围为 14.6 cm。当地牛 6 月龄平均体重为 165.5 kg。杂交牛比当地牛增重 44.7 kg,提高 27%。

据 70 头 12 月龄放牧与舍饲的德系西门塔尔杂交一代牛的体重、体尺统计,公母牛平均体重为 343.8 kg,其中公牛平均体重为 370 kg,母牛平均体重为 317.5 kg。公牛体高为 125 cm，体斜长为 132 cm，胸围为 165 cm，管围为 18.2 cm；母牛体高为 120 cm，体斜长为 125 cm，胸围为 146 cm，管围为 16.6 cm。当地牛 12 月龄平均体重为 265 kg。杂交牛比当地牛增重 78.8 kg，提高 29.7%。

据 52 头 18 月龄放牧与舍饲的德系西门塔尔杂交一代母牛的体重、体尺统计，平均体重为 465.5 kg，体高为 133 cm，体斜长为 145 cm，胸围为 179 cm，管围为 19.8 cm。当地同龄母牛平均体重为 356.5 kg。杂交牛比当地母牛增重 109 kg，提高 30.6%。

据 35 头 18 月龄放牧与舍饲的德系西门塔尔杂交一代公牛的体重、体尺统计，平均体重为 505.3 kg，体高为 139 cm，体斜长为 154 cm，胸围为 198 cm，管围为 22.3 cm。当地同龄公牛平均体重为 384.3 kg。杂交牛比当地公牛增重 121 kg，提高 31.5%。

(2)德系西门塔尔牛与本地牛杂交后代牛屠宰性能测定情况：据对临朐县龙岗镇聂家河肉牛育肥场的 84 头 16～18 月龄育肥德系西门塔尔杂交公牛屠宰情况调查，16 月龄德系西门塔尔杂交一代育肥公牛平均出售体重为 568 kg，体高为 139 cm，体斜长为 159 cm，胸围为 200 cm，管围为 23 cm；18 月龄德系西门塔尔杂交育肥公牛平均出售体重达 650 kg，平均宰前活重为 634 kg，平均胴体重为 377 kg，屠宰率平均为 59.5%，净肉率平均为 49.8%。

①德系西门塔尔牛与本地牛杂交后代牛产奶性能测定情况：德系西门塔尔杂交一代牛产奶性能：据对养殖户饲养的 45 头德系西门塔尔杂交一代头胎母牛泌乳天数在 100 天左右时测量，平均日产奶 12 kg，最高日产奶量为 16.5 kg，一个泌乳周期平均泌乳232 天，产奶 2300 kg 左右，乳脂率平均为 4.20%，乳蛋白率平均为 3.65%，非脂肪化合物含量平均为 8.56%，平均体细胞数每毫升 28 万个。

德系西门塔尔杂交二代牛产奶性能：据对养殖户饲养的 32 头德系西门塔尔杂交二代头胎母牛泌乳天数在 100 天左右时测量，平均日产奶 17 kg，最高日产奶量为 21 kg，一个泌乳周期平均泌乳 250 天，产奶 3400 kg 左右，乳脂率平均为 4.10%，乳蛋白率平均为 3.53%，非脂肪化合物含量平均为 8.44%，平均体细胞数每毫升 26 万个。

德系西门塔尔牛与奶牛杂交一代产奶性能：据对临朐县辛寨镇下河奶牛养殖专业合作社社员杜金平家的 3 头德系西门塔尔牛与低产荷斯坦奶牛杂交一代头胎牛的产奶测试，305 天头胎德系西门塔尔牛与荷斯坦奶牛杂交一代奶牛平均产奶量为 6200 kg，乳脂率平均为 3.76%，乳蛋白率平均为 3.36%，非脂肪化合物含量平均为 8.26%，平均体细胞数每毫升 30 万个。而其亲代头胎平均产奶量仅为 4900 kg，乳脂率平均为 3.45%，乳蛋白率平均为 3.15%，非脂肪化合物含量平均为 8.05%。

②德系西门塔尔牛与本地牛杂交后代牛牛乳成分测定情况：德系西门塔尔杂交一代头胎母牛一个泌乳周期乳脂率平均为 4.20%，乳蛋白率平均为 3.65%，非脂肪化合物含量平均为 8.56%，平均体细胞数每毫升 28 万个。

德系西门塔尔牛与奶牛杂交一代头胎牛一个泌乳周期乳脂率平均为 3.76%，乳蛋白率平均为 3.36%，非脂肪化合物含量平均为 8.26%，平均体细胞数每毫升 30 万个。

3. 经济效益

自德系西门塔尔牛推广以来，养殖户的收益增加较为显著，主要收益分析如下：

8 月龄犊牛出售时，杂交一代与一般杂交牛体重相差 53～58 kg，按照犊牛

22.00 元/kg的市价，每头牛可增加收益 1166～1276 元。若 8 月龄母牛其体重相差 45～50 kg，可增加养殖户收益 900～1000 元。而 18 月龄时，其出售价格可相差 1600～2100 元。

由于养殖户大部分以犊牛期出售为主，若按项目冻精实际推广使用量 25 万剂计算，估计约产犊 17 万头，除去当前存栏的 7 万头，约出售杂交犊牛 10 万头，按每头牛多收入 1000 元计算，可为养殖户增收超亿元。

杂交后代的产奶量增加。若按照存栏杂交后代牛产奶计算，每头牛每年可增产牛奶 800 kg，奶价按 3.40 元/kg，当前存栏杂交母牛按 5.5 万头(除去存栏部分公牛)计算，则每年可为养殖户增加产值 1.5 亿元。

两项合计，项目期可帮助养殖户增收 2.5 亿元以上。

4. 社会效益

(1)改良品种：通过近 5 年的推广与应用，16 个(后续又增加 1 个县)项目县(市、区)共计改良杂交牛、本地牛及低产奶牛约 25 万头(次)，存栏德系西门塔尔牛杂交一代、二代 6 万余头，大幅提升了本地牛及杂交牛的肉用性能及产奶性能。据调查，小规模饲养户对德系西门塔尔牛杂交后代犊牛表现出的抗病性尤其欢迎，因为对饲养环境较差的牧场具有极强的适应性。此外，德系西门塔尔牛在荷斯坦奶牛中的应用，也可以起到丰富荷斯坦奶牛血统的作用。

(2)带动产业发展：育种产业得到加强。通过德系西门塔尔乳肉兼用牛的示范推广，山东省设立了以德系西门塔尔牛饲养及繁育为主的种公牛站，目前饲养纯种德系西门塔尔种公牛达 50 头，为下一步该品种的推广打下了基础。

肉牛养殖数量及作物秸秆的利用提高。通过品种推广，项目县(市、区)均实现了免费使用冻精、初生牛犊享受补贴的惠农政策，调动了养殖户的养殖积极性，增加了自繁自养的数量，还涌现出了较大规模的饲养场与育肥场，同时充分利用了农村大量的作物秸秆，减少了资源浪费。

(四)主要经验及做法

1. 政府重视

项目实施以来，山东省政府及省主管部门非常重视，将全国范围的试验示范与胶东半岛兼用牛建设相结合，省畜牧局多次在胶东项目县(市、区)召开启动会、座谈会、接洽会及现场会，充分调动各县(市、区)主管部门的积极性与主动性，从而保证了项目的顺利开展。

2. 财政支持

除全国总站提供的部分免费冻精，绝大部分通过省财政立项、主管部门招标，免费提供给推广示范区的养殖户，保证了冷冻精液的充足供应。同时，还对推广示范区生产的杂交犊牛实行补贴政策，这对调动养殖户的积极性有着十分重要的作用。

3. 引种促推

为促进该品种的推广，山东省政府立项引进纯种德系西门塔尔牛胚胎，移植后对获得的种公牛进行采精，降低了该品种精液的市场价格，提高了其市场竞争力。山东省设立专门的以德系西门塔尔牛为主的种公牛站，通过企业自身的宣传营销，将该品种向全省乃至全国推广。

4. 加强服务

通过政策引导，各项目县(市、区)成立乳肉兼用牛合作社，为养殖户提供冷配、饲料、兽药及治疗等一系列的服务，并将广大养殖户组织起来，与育肥企业协商肉牛价格，提高养殖户收益。成立的乳肉兼用牛协会与省畜牧总站协作，为广大人工授精员及养殖户提供饲养管理及人工授精方面的培训，提高其生产技能。

5. 宣传发动

通过电视讲座、宣传片及报纸等形式对品种开展宣传，让养殖户改变旧观念，提高对品种的认识及饲养意识，调动养殖户品改的积极性。

(五)存在问题及建议

1. 推广应用中级进杂交工作受到制约

由于近年肉牛交易活跃，流动性大，可繁母牛数量不断减少，项目实施中级进杂交工作受到冲击，影响了德系西门塔尔牛的推广和优良生产性能显示度的提高。建议国家对肉用和改良后代的可繁母牛养殖进行补贴，制订禁止可繁母牛私宰滥杀的法律法规。

2. 项目实施中杂交改良后代的奶的收集还不及时、不规范

目前，鲜奶收购仍未实现真正的优质、优价，影响了养殖户对饲养德系西门塔尔牛生产优质牛奶的积极性。建议国家出台政策，设立第三方鲜奶检测机构，逐步构建优质、优价的鲜奶价格体系，保护德系西门塔尔牛杂交改良后代牛养殖户的利益。

3. 德系西门塔尔牛良种繁育体系不够健全

目前，德系西门塔尔牛的种质已得到社会初步认同，但德系西门塔尔牛改良设施落后，技术人员出现断层，缺乏发展后劲。建议上下联动，立项支持基层德系西门塔尔牛人工授精站点建设，提升技术水平，加快推广步伐。

4. 规模化和标准化的养殖场还比较少

由于德系西门塔尔牛改良的可繁母牛的饲养比较分散，杂交后代的跟踪监测难度增大，工作量加大，因此，后裔性能测定的结果受到影响。需要鼓励企业建立杂交后代牛的规模养殖场或小区，促进散户养牛进场入区，集中饲养，既便于管理水平的提高，又利于肉牛、奶牛后裔测定工作的开展。

三、2014 年项目县(市、区)应用情况调查

为深入了解乳肉兼用德系西门塔尔牛的改良效果情况，我们于 2014 年 5 月对所有实施德系西门塔尔牛推广应用的县(市、区)开展产业发展调研，以摸清该品种牛的推广应用效果，以及推广经验做法、存在的问题和建议。

(一)品种推广的总体情况

自 2007 年开展推广以来，除农业部提供的进口德系西门塔尔牛冷冻精液 2000 剂，2008～2013 年(除 2011 年外)，山东省畜牧兽医局、财政厅连续 5 年立项投入财政资金 1460 余万元，采购进口及国产德系西门塔尔牛冷冻精液 70 万剂，推广区域由最初的胶东半岛的 15 个县(市、区)扩展到全省的 23 个县(市、区)。通过引进外资的方式建立了国内首家以德系西门塔尔牛为主的省级种公牛站，存养德系西门塔尔兼用牛种公牛 70 余头，建立乳肉兼用牛示范基地 2 处，存养德系西门塔尔二代以上杂交牛近 400 头。

随着品种的示范推广，德系西门塔尔牛在改良本地肉牛的同时，开始被部分奶牛养殖企业所接纳。改良低产奶牛步伐正在逐步加快，影响区域也在不断扩大。

（二）品种改良效果情况

自2007年品种推广应用以来，试验示范区域逐步扩大，总体看来改良情况较好。犊牛的初生重平均为39.5 kg，比本地牛高出约6%；德系西门塔尔牛与本地牛杂交一代牛屠宰率为56%～59%，高于本地肉牛5%以上，养殖户育肥牛出售时增加收入1000多元。近两年来，山东省内许多规模奶牛场（户）开始用德系西门塔尔牛改良低产奶牛。初生的犊牛体重大，抗病力强，生长速度快，大大降低了养殖户治疗费用及管理成本，公犊出生3个月出售价格可达4800元左右；杂交后代产奶量不减，乳脂肪、乳蛋白各指标上升，且有较强的抗病力；产奶牛体重较大，比每头荷斯坦奶牛重约100 kg，每头牛淘汰残值增加约2500元，深受奶农喜欢。目前，利用兼用牛改良低产奶牛有日益扩大的趋势。

截至目前，山东省23个项目县（市、区）近7年共推广德系西门塔尔牛冻精近70万剂（项目实际执行的数量），改良本地肉牛与低产荷斯坦奶牛约23万头，共存栏德系西门塔尔牛与本地肉牛的杂种一代牛约13万头、杂种二代牛2.5万头、杂种三代牛0.7万头。德系西门塔尔牛与低产荷斯坦牛的杂种一代牛约1万头。

（三）各应用区域的推广经验与做法

各项目县（市、区）在品种应用推广中的做法不尽相同，实施效果也有差别，通过比较，其经验与做法可归纳为四点。

1. 领导重视，组织有力

大部分项目县（市、区）均成立了以分管县（市、区）长或畜牧局局长为组长，联合财政部门成立的领导小组，主要负责良补项目的组织实施，拟定项目实施方案、项目管理办法，制订技术规程，确定全县（市、区）冻配站（点），负责全县（市、区）乳肉兼用牛良种补贴项目的技术、信息和档案管理，负责项目的监督和管理工作，并且能够做到专人负责、专人实施，从而保证了品种推广的顺利进行。

2. 扩大宣传，逐步引导

利用新闻媒体和各村的政务公开栏等宣传媒体，积极广泛地宣传德系西门塔尔良种补贴的有关政策和品种改良的重要意义，让广大养殖户充分了解德系西门塔尔乳肉兼用牛品种的生产性能，良种补贴的条件、范围、标准、申请程序，项目建设的经济效益和社会效益等。

在辖区内选取认识能力强、思想转变快的养殖户建立改良示范点，通过示范户的实际改良效果，宣传德系西门塔尔牛的重大作用，逐步引导周边养殖户接受该品种、使用该品种，从而加快品种的应用与推广。

3. 加强管理，注重实效

抓项目管理首先要从机构、人员资质入手，对冻精改良实施的人工授精站点与人工授精员进行考核，符合条件的才发放许可证，才允许其开展相关业务。持证上岗，依法管理，增强了配种员的责任感和使命感，提高了其工作积极性，保证了改良的配种率，规范了牛改良市场秩序，有效地提高了养殖户对德系西门塔尔牛的认可度。

同时，县（市、区）改良站及乡镇配种站点都要建立健全档案，作好冻精发放使用记录，实行三联单制度，确保项目补贴良种冻精用在本辖区牛改工作中，有效保障了推广工作的顺利进行。

4. 强化培训，健全网络

利用职业资格鉴定、各类项目培训的机会，对实施示范区域内的人工授精员、养殖大户进行培训，提高其业务水平及对乳肉兼用牛的认识，加大优秀牛品种的推广范围及力度。

结合本区域内肉牛及奶牛的分布特点，有针对性地加强人工授精员管理及配种改良站点的建设，加强改良站点的设施设备配备，提高改良站点管理及服务水平，建立健全县(市、区)、乡、村三级牛繁育体系网络，理顺优良牛冻精的供应及配种服务渠道。

(四)品种推广中存在的主要问题

各项目县(市、区)在项目执行中主要存在以下问题与困难，制约了整个项目的有效运行及兼用牛产业的发展。

(1)基层技术人员受技术水平与育种意识所限，服务质量、水平不高，配种档案记录不完善，甚至没有建立档案，影响了整体肉牛水平的提高。

(2)德系西门塔尔牛杂交后代流动性大，难以建立谱系档案，无法跟踪其生长发育，难以开展其生产性能测定及效果评价。乳肉兼用牛品种与本地牛的级进杂交影响很大，且基础母牛数量不断减少。农村年轻人养殖肉牛的积极性不高，严重影响了该产业的发展。

(3)个别县(市、区)因能繁母牛不断减少，冷冻精液出现结余，已申请结转至下一年使用，个别县(市、区)申请停止该项目在本区域的实施，这都不同程度地反映出了基础母牛养殖数量下降的现状。

(4)当前全省牛人工授精繁育网络基础设施薄弱，技术人员年龄老化，缺乏发展后劲。

(5)缺乏必要的配套经费，限制了项目的有效开展，致使宣传及管理不够到位。

(6)德系西门塔尔牛在繁育推广中缺乏大型的示范企业，无法实现企业带动养殖户的良好推广局面。

(7)当前乳品的优质不优价，导致养殖户改良本地牛或低产荷斯坦牛的积极性不高。

(8)部分项目县(市、区)反映供种企业的部分冻精活率偏低。

(9)供种企业技术指导与培训工作不到位。

(五)对策建议

根据各项目县(市、区)应用推广中存在的情况，结合山东省实际情况，提出以下合理化建议：

1. 加强项目监督与管理

尽管各应用示范区域在加强项目管理与监督上做了大量的工作，但由于种种原因，监督及管理工作不到位，个别项目县(市、区)还缺乏制度约束及执行标准，项目执行的随意性大，省级部门缺乏相应的管理手段，如审计、财政督导等，造成各项目县(市、区)的项目执行差异度较大，涉嫌挤占、挪用项目资金，影响了品种应用的速度。建议制定省乳肉兼用牛良种补贴项目管理办法，联合财政部门适时开展专项督导与检查。

2. 适当扩大项目执行范围

近年来，肉牛业发展过程中的母牛存栏数下降趋势一直未有明显缓解，项目试验示范区域基础母牛存栏数下降直接影响了项目执行。建议根据省内各县(市、区)肉牛养殖情况,结合全省牛、羊产业发展规划,适当扩大乳肉兼用牛项目执行区域,加大兼用牛在低产荷斯坦奶牛上的探索力度,提高该品种的应用范围。

3. 开展乳肉兼用牛规模场母牛补贴,鼓励有条件的继续建立兼用牛示范场或基地

山东省开展德系西门塔尔牛品种推广已近 7 年,且与本地肉牛及低产荷斯坦奶牛杂交改良后代也已具有一定的规模,应该在实施良种补贴项目的同时,适时开展乳肉兼用牛母牛补贴,鼓励母牛养殖,扩大基础母牛群体,鼓励有条件的地区或企业建立乳肉兼用牛示范场或基地,带动周边群众饲养,推动产业规模不断扩大与质量提升。

4. 项目中标单位提供部分冻精储存设备及液氮

自 2008 年品种推广以来,项目县(市、区)主管部门一直未列相应的工作经费。各项目县(市、区)因实际情况不同,部分出现了因工作经费问题影响项目的实施。建议项目中标单位应为项目县(市、区)提供部分良种冻精周转容器及液氮,以保证项目的顺利执行。

5. 加强技术培训与指导

提升养殖户及人工授精员的技术水平、业务素养是实现加速牛遗传改良水平的重要因素,他们往往是基础母牛改良的决策者或执行者。所以,通过开展各类形式的业务知识技能培训及现场指导,将有利于提高其对优秀品种及改良手段(或方法)的认知,有利于加速肉牛或奶牛的遗传改良。同时,对中标企业提出开展技术服务的要求,定期在项目县(市、区)开展技术培训或讲座。

第四篇　生产篇

第八章　饲草料

第一节　常用饲料

德系西门塔尔牛因耐粗饲，饲料来源比较广泛，生产效益好，深受人们的喜爱，但其进食量大。德系西方塔尔牛对粗饲料和精饲料都有要求，其饲料供给必须得到重视，方能得到好的回报。德系西门塔尔牛的主要饲料是蛋白质饲料、能量饲料、青绿饲料、多汁饲料以及块根块茎饲料。在蛋白质饲料中，鉴于欧洲“疯牛病”的发病原因，我国政府已下令在反刍动物饲料中停止使用动物源性饲料。因此，肉粉、肉骨粉等饲料已被禁止用于德系西门塔尔牛饲料中。

粗饲料是一类含粗纤维在18%以上、单位重量干物质含净能很低的饲料。农作物收获后的秸秆、秕壳、野草及青干草均为粗饲料。粗饲料在我国农村非常丰富。在牧区有草地牧场，在农区和半农牧区有大量的农作物秸秆，可以作为德系西门塔尔牛最基本的饲料。由于粗饲料的数量很大，所以，所含营养物质的总量较多。

粗饲料的营养特点：

(1)有机物质总量较高，但粗纤维含量很高，经常是20%～45%，消化利用率低，净能含量低。

(2)营养价值低，粗蛋白质含量变动较大。秸秆类饲料粗蛋白质含量在4%以下，而豆科牧草的粗蛋白质含量可达20%以上。秸秆中维生素含量极低，只有以豆科牧草为原料晒制的青干草中含有较丰富的B族维生素。

(3)容积大、适口性差。粗饲料质地较粗硬，适口性差，但它对胃肠道有一定刺激作用，能促使牛正常反刍。同时，适当摄入可使机体产生饱感。

(4)来源广、成本低。粗饲料主要是农作物秸秆、秕壳、牧草等，来源非常广泛，价格很低。

大部分粗饲料虽然营养价值较低，但仍是德系西门塔尔牛重要的饲料。无论是农区还是牧区，粗饲料都是不可缺少的。

一、青干草

青干草是粗饲料中营养价值最高的。它是由一些青绿饲料作物在没有结籽实前将其地上部分割下来，经过天然或人工干燥，使水分降至15%～20%而制成的饲料。制作青干草是长期保存牧草的最好方法，可以保证饲料的均衡供应，特别是在冬季青饲料不足时，可起到一定的补充作用，给牛提供一定的维生素。青干草还便于运输和饲喂。

青干草的原料可以是各种青绿饲料，如玉米秸等禾本科牧草、紫云英等豆科牧草以及各种无毒野草。青干草的营养价值与所选用原料及收割时间有直接关系。豆科牧草晒制的青干草含粗蛋白质较高，若收获时间过迟，则茎叶中所含营养物质含量降低、粗纤维含量增加。在调制过程中，要使原料中的水分迅速脱去，缩短干燥时间，防止叶片脱落，尽量采用人工快速脱水干燥，以减少营养物质的损失。

对于调制好的青干草，要从水分含量(不得超过17%)、颜色(应具有鲜亮的绿色)、气味(芳香，不得有霉烂、焦灼气味)、叶的含量(占干草总量的50%)、杂质含量及病虫害侵袭情况等方面进行质量检验。

二、农副产品类饲料

(一)秸秆类

秸秆是农作物收获籽实后的茎秆和残存叶片，常用的有稻草、玉米秸、麦秸、豆秸和谷草等。

(1)稻草：稻草是我国南方主要的粗饲料来源。牛对稻草的消化率约为50%。稻草中缺乏钙、磷，在饲喂时要注意补充。为了提高其饲用价值，最好对稻草进行氨化、碱化处理，提高其含氮量和消化率。

(2)玉米秸：已枯黄的玉米秸质地坚硬，直接用来喂牛效果不好。最好是采用氨化或和其他饲料混合青贮，以提高其消化利用率。青绿的玉米秸营养价值较高，经过短切后即可喂牛。

(3)麦秸：麦类秸秆质地粗硬，适口性差，是质量较差的粗饲料。小麦秸数量最多，但品质不如大麦秸好，燕麦秸在麦秸中营养价值最高。麦秸用来喂牛时，要切短，适当浸泡软化，改善适口性。

(4)豆秸：豆类秸秆比禾本科秸秆营养价值高，但豆类成熟后，秸秆上的叶子大部分枯黄脱落，营养价值受到影响。豆类秸秆中粗纤维多，质地坚硬，为了提高消化率，可和其他饲料混合粉碎饲喂。在豆类秸秆中，蚕豆秸和豌豆秸蛋白质含量高。

(5)谷草：谷草质地柔软，营养丰富，品质好，较麦秸、稻草的营养价值和消化率高。

(二)秕谷类

秕谷类是农作物籽实脱壳的副产品，品质优于秸秆，主要有谷壳、高粱壳、豆荚、棉籽壳、秕谷等，营养高于秸秆(稻壳、花生壳除外)。

(三)树叶类

大多数树木的叶子及其嫩枝、果实都含有较多的养分，其营养价值要高于秸秆、秕谷类。但要注意一些含有毒成分的树叶，如夹竹桃等，严禁喂牛。

三、糟渣类饲料

常见的糟渣类饲料有酒糟、粉渣、豆腐渣、酱油渣、醋糟、甜菜渣、糖渣等。这些糟渣类饲料都有一定的营养价值，有些还是养殖业上常用的。如糖渣就常用在德系西门塔尔牛生产上，具有很好的催奶作用。酒糟是德系西门塔尔牛饲养中最常用的饲料，具有来源广、价格低、饲用方便、安全等特点。特别是啤酒糟，促进德系西门塔尔牛生长的作用很明显，是养牛户非常重视的一种饲料。

（一）啤酒糟

啤酒糟是生产啤酒后的副产品，常用的原料是大麦。由于其中含有较丰富的蛋白质、酵母、无机盐和未知生长因子，营养价值高。鲜啤酒糟中干物质含量在23%左右，能量含量约为每千克1.38个肉牛能量单位。鲜啤酒糟的供应有一定的季节性，一般在大量生产啤酒的1～8月供应量丰富，8月后啤酒的生产量减少，啤酒糟的供应量也减少，甚至完全停止。干啤酒糟是另一种供应方式，它含有65%的可消化养分和21%的可消化粗蛋白质，使用方便，有时可将其作为蛋白质的补充饲料。即使是酒糟残液，也含有很丰富的蛋白质、亚油酸等营养物质和能量。

鲜啤酒糟可直接喂牛，不需进行其他处理，饲喂效果很好；也可和秸秆等粗饲料混合堆积发酵，提高它们的消化利用率。在德系西门塔尔牛生产中，采用鲜啤酒糟和稻草秸秆混合堆积发酵，温度低于20 ℃～25 ℃时，发酵12小时以上；高于25 ℃时，发酵4～8小时。利用酒糟中的酵母，对稻草秸秆进行发酵、软化，可改善稻草的适口性和德系西门塔尔牛的食欲，使稻草的消化率提高10%以上。用啤酒糟育肥牛，在饲喂1周后可出现明显的“上膘”现象，毛色发亮，牛群安静，特别是在育肥后期，用啤酒糟催肥的效果更为明显。因此，对肥育牛，可采用以啤酒糟为主、仅使用少量精料的方法育肥，效果良好。但要注意，对于体重在300 kg以下或尚没有达到强度催肥要求的架子牛，不可盲目投喂大量的啤酒糟，以免由于过早催肥，使架子牛骨骼生长受到影响，形成个体矮而短的肥牛，失去进一步育肥的价值。

在啤酒糟购入时，要进行质量检查。由于生产啤酒的原料以大麦为主，酒糟中大麦壳的含量较高。新鲜度是检查啤酒糟质量最重要的指标。新鲜的酒糟不发黏，手感松散、清凉，闻之气味清香，散发出特有的酒香味。陈酒糟黏，还有明显的发酵味，若在高温季节放置时间过长（超过24小时），甚至会出现腐败味、发霉结块。在喂牛时，严禁饲喂霉变的酒糟。

生产中要尽量与啤酒生产厂家联系好，供货量以每天能吃完为宜，高温季节要特别注意此点。当一次供货量过大时，要做好储存工作，防止雨水冲淋和发霉变质，造成损失。

（二）白酒糟

白酒糟是生产白酒后的副产品，营养价值随生产白酒原料的不同而不同，常用的原料有高粱、红薯、大米等。高粱酒糟的营养价值高于红薯酒糟，干物质含量常在35%左右。由于发酵制酒时通气的需要，白酒糟中常加入一定量的谷壳，故粗纤维含量较高，适口性受到一定的影响。但它仍不失为德系西门塔尔牛育肥的好饲料，可作为粗饲料单独大量喂牛，一般不需对喂量进行控制。

在购进白酒糟时要对其进行质量检查，白酒糟要新鲜，有机物质含量不能过低。有的酒厂由于加工工艺的因素，白酒糟中有机物质含量相当低，这会影响到饲喂效果。检查时，可用手抓起酒糟，有机物质含量较高时，酒糟团的松开速度较慢，手感有一定的黏稠度，仔细观察可见其中有一些未被提取的高粱粒、豌豆粒等；反之则松散，眼观稻壳含量很多，未被发酵提取的有机物质量少。

在生产中要注意有的白酒糟中残留有乙醇、乙酸，甚至甲醇等有害物质。喂牛后，牛只会表现出较明显的兴奋性，两眼发红、好斗，难以安静。如果这种现象在 2～3 天后仍表现明显，说明这种白酒糟不适宜喂牛，应该更换，否则会影响增重。

无论是白酒糟还是啤酒糟，由于含水量高，容易发酵变质，因此，必须做好保存工作，确保使用效果。

储存酒糟的原理与青贮相似，要求温度为 10 ℃～20 ℃、含水量为 65%，常用的储存方法有：

(1)缸式储存法：将新鲜酒糟放入清洁的缸内，层层压实，尽量排除酒糟中的氧气，然后用塑料薄膜或料泥封顶，防止空气与酒糟接触。

(2)窖式储藏法：方法与缸式完全相同，但要求窖底和窖壁不透气，密封好。

(3)堆式储藏法：选择适宜储藏的地方，把酒糟堆成馒头状，压实，用塑料膜密封好，不能透气。

(4)水面封闭法：在容器内装满酒糟，压实后在最上层留一层水面隔绝空气，达到储藏的目的。

(5)混合青贮法：利用酒糟和粉碎好的其他粗饲料混合，其中酒糟占 70%～85%，分层装窖，压实封闭，待 40～60 天后开窖使用。

无论采用何种方法，都要注意隔绝空气，保证达到缺氧的环境，否则会使储存失败。对于这些储存的酒糟，一旦开窖使用，最好能尽快使用完。

酒糟的储存只有在供应量多、短时间内无法用完时采用，正常情况下，还是以鲜喂为好，储存总会有浪费。

(三)甜菜渣

甜菜渣是榨糖后的剩余物，在我国华北、东北等地资源丰富。甜菜渣营养价值较高，是乳肉兼用牛良好的多汁饲料，主要成分为可溶性无氮物，而蛋白质和脂肪相对较少，含钙极多，含磷少，适口性强，含粗纤维较多，具有较好的催乳作用。

新鲜甜菜渣的保存方法与青贮一样，掺进一些麸皮，调整含水量为 65%～70%，压实封窖，隔绝空气。

(四)豆腐渣

豆腐渣是生产豆腐的副产品。在制作豆腐时，需用大量的水冲洗，同时还要使用石膏，所以豆腐渣中的粗纤维含量很高，可利用的营养物质很有限。豆腐渣中还含有一些对牛有害的物质，如抗胰蛋白酶、红细胞凝集素等，在大量饲喂后，可能对牛产生危害，一般不用作德系西门塔尔牛的饲料。

(五)酱油渣和醋糟

这类糟渣中均含有较多食盐，酱油渣中更多，适口性差，营养价值不高。醋糟中残留有一定量的醋，会影响牛瘤胃中的碱性环境，且其中所含的营养物质量也不高，不宜用来饲喂德系西门塔尔牛。如果用来饲喂，要注意控制用量，最好使用一定量的小苏打，调节瘤胃内的环境。

（六）淀粉渣

淀粉渣因加工原料不同，粗蛋白质含量变化很大，营养价值也有差别。淀粉的共同特点是含水量较高，维生素含量低。以玉米和蚕豆为原料的淀粉渣的营养价值稍高，而山芋淀粉渣的营养价值低。

四、粗饲料的加工调制技术

（一）物理处理法

秸秆的切短、粉碎等都是处理粗饲料的方法，这些方法在我国农村早已被采用，俗话说的"寸草铡三刀，无料也上膘"，就是这个道理。通过此处理，可提高秸秆类粗饲料的适口性和采食速度，一定程度上提高了消化利用率。

1. 秸秆切短、粉碎及软化

将稻草、麦秸、玉米秸等切成 3～5 cm 长短，增加瘤胃内微生物对它们的作用，缩短采食时间和饲料通过瘤胃的速度，减少饲料的浪费，从而在一定程度上提高消化率。秸秆不宜切得过短，以免影响咀嚼和反刍。粉碎常用于精饲料，在有的地方也将粗饲料粉碎后与精饲料混合饲喂，在用量不大的情况下，可提高牛的采食量。但要注意，粗饲料粉碎过细的价值并不高。

软化分浸湿软化和蒸煮软化两种，又以浸湿软化更为普遍。用食盐水将秸秆浸湿软化，可改善适口性，提高采食速度，使牛增加 1～2 kg 的采食量。

2. 粉碎压粒

颗粒饲料通常由动物的全价饲料制成，目的是便于机械化饲养或自动饲槽的应用，并减少浪费。由于粉尘减少、质地硬脆、颗粒大小适中，利于咀嚼和改善适口性，从而诱使家畜提高采食量和生产性能。单纯的粗饲料经粉碎后制成颗粒饲料在国外已很普遍。随饲料加工业和秸秆畜牧业的发展，我国在秸秆等粗饲料经粉碎处理后压粒成型方面已有较大进展。德系西门塔尔牛生产中的颗粒饲料大小一般以 6～8 cm 为宜。这是粗饲料加工的发展方向。

3. 秸秆揉搓处理

将秸秆直接切短后饲喂牲畜，虽然提高了秸秆的适口性和采食量，但吃净率不高，吃净率只有 70%，仍有较大程度的浪费。使用揉搓机将秸秆揉搓成条状直接喂牛，吃净率可达到 90%以上，并且可提高采食速度。使用揉搓机将秸秆揉搓成柔软的丝条状后进行氨化，不仅氨化效果好，而且可进一步提高吃净率。秸秆揉搓机的工作原理是将饲料送入料槽，在锤片及空气流的作用下进入揉搓室，受到锤片、定刀、斜龄板及抛送叶片的综合作用，使饲料切短，揉搓成丝条状，从出料口送出机外。

（二）化学处理法

物理处理法处理粗饲料，一般只能改变粗饲料的物理性状，而对于饲料营养价值的提高作用不大，化学处理法则不同。用氢氧化钠、氨、石灰、尿素等碱性化合物处理秸秆，可以打开纤维素和半纤维素与木质素之间的对碱不稳定的酯链，溶解半纤维素和一部分木质素，使纤维素膨胀，从而使瘤胃液易于渗入。强碱如氢氧化钠，可以使多达 50%的木质素水解。化学处理不仅可以提高秸秆的消化率，而且能够改进适口性，增加采食量，这是目前生产中较实用的一种途径。

1. 秸秆的碱化处理

碱化处理是用碱溶液处理秸秆，使植物细胞壁变得松散，易被消化液渗透，可提高粗纤维消化率至 50%以上，同时增加采食量 20%～45%。

秸秆的碱化处理方法有两种。一是，石灰液处理法。100 kg 切碎的秸秆，加 3 kg 生石灰或 4 kg 的熟石灰，食盐 0.5～1 kg，水 200～250 L，浸泡 12 小时或 24 小时候捞出晾 24 小时即可饲喂，不必冲洗。二是，氢氧化钠液处理法。100 kg 切碎的秸秆，用 6 kg 的 1.6%氢氧化钠溶液均匀喷洒，然后洗去余碱，制成饼块，分次饲喂。秸秆经碱化处理后，有机物质的消化率由原来的 42.4%提高到 62.8% ，粗纤维的消化率由原来的 53.5%提高到 76.4%，无氮浸出物的消化率由原来的 36.3%提高到 55.0%。

2. 秸秆的氨化处理

秸秆的氨化处理是成本低廉、经济效益显著的粗饲料加工方法之一。氨化的原理是利用氨溶于水中形成强碱氢氧化铵，使秸秆软化，秸秆内部木质化纤维膨胀，提高秸秆的通透性，便于消化酶与之接触，因而有助于纤维素的消化；氨与秸秆有机物产生作用，生成铵盐和络合物，使秸秆的粗蛋白质含量从 3%～4%提高到 8%以上，从而大大改进秸秆的营养价值。秸秆氨化后可提高消化率 20%左右，采食量也相应提高 20%左右，其适口性和家畜的采食速度也能得到明显的改善和提高，总营养价值可提高 1 倍，即 1 kg 氨化秸秆相当于 0.4～0.5 kg 燕麦的营养价值。正是由于秸秆氨化具有上述优点，故此项技术在国内外反刍家畜养殖业中迅速得以推广。通过碱性物质，如氨、石灰水等改变粗饲料内部结构，可提高饲料的适口性和消化率，增加采食量。

3. 秸秆氨化方法

秸秆氨化处理因采用的氮源不同分为 3 种处理方法。

(1)液氨氨化法：将切碎的秸秆喷入适量水分，使其含水量达到 15%～20%，混匀堆垛，在长轴的中心埋入一根带孔的硬料管，以便通氨，用塑料薄膜覆盖严密，然后按秸秆重量的 3%通入无水氨，处理结束后，抽出塑料管，堵严。密封的时间以环境温度的不同而定，20 ℃时为 2～4 周。揭封后晒干，氨味自行消失，然后粉碎饲喂。

(2)氨水氨化法：预先准备好装秸秆原料的容器（窖、池或塔等），将切短的秸秆一边往容器中放，一边按秸秆重 1：1 的比例往容器中均匀喷洒 3%浓度的氨水（浓度为 10%时，每 100 kg 干秸秆溶氨水 41～82 kg ）。装满容器后用塑料薄膜覆盖，封严，在 20 ℃左右气温条件下密封 2～3 周后开启（夏季约需 1 周，冬季则需 4～8 周甚至更长），将秸秆取出后晒干即可饲喂。

(3)尿素氨化法：由于秸秆中有尿素酶，将尿素或碳铵（碳酸氢铵）与秸秆储存在一定温度和湿度下，能分解出氨，因此使用尿素或碳铵处理秸秆均能获得近似氨的效果。方法是按秸秆重量的 3%加进尿素，首先将 3 kg 尿素溶解在 60 kg 水中，均匀地喷洒到 100 kg 秸秆上，然后逐层堆放，用塑料膜覆盖；也可利用地窖对切碎的农作物秸秆进行氨化处理，具体方法同液氨处理，只是时间稍长一些。在尿素短缺的地方，用碳铵也可进行秸秆氨化处理，其方法与尿素氨化法相同，只是由于碳氨含量较低，其用量须酌情增加。

研究结果表明，液氨氨化法和尿素氨化法处理秸秆效果最好，氨水和碳铵效果稍差。用液氨氨化效果虽然好，但必须使用特殊的高压容器（氨瓶、氨罐、氨槽车等），从而增加了成本，也增加了操作的危险性。相比之下，尿素氨化法效果好，操作简单、安全，也无须任何特殊设备，适合于普遍使用。

4．影响氨化效果的因素

影响氨化效果的因素有温度、秸秆水分、氨源剂量、秸秆种类、秸秆部位（叶茎）等。

（1）温度：氨处理秸秆要求具有较高的温度，温度高发生作用快。据报道，液氨注入秸秆垛中后，温度上升很快，在 2～6 小时就达到最高峰。温度的上升取决于开始的温度、氨的剂量、水分含量等。但一般变动范围为 40 ℃～60 ℃，最高温度在草垛顶部，1～2 周后下降并接近周围温度。周围的温度也对氨化起着重要作用，所以氨化应在秸秆收割后不久、气温相对高时进行。

温度还决定氨化完成的时间。例如，温度为 17 ℃～25 ℃时，处理时间可少于 4 周，而采用氨化炉时温度可达 85 ℃，只需 24 小时就可以处理完毕。温度在 5 ℃以下时，氨化速度很慢，基本不发生反应，不宜制作氨化秸秆。一般氨化时间可按表 8-1 所示温度给予考虑。

表 8-1　　氨化时间与温度关系

温度	时间
5 ℃～15 ℃	4～8 周
15 ℃～20 ℃	2～4 周
20 ℃～30 ℃	1～3 周
30 ℃以上	少于 1 周
85 ℃～90 ℃	24 小时

（2）秸秆水分：氨易溶于水，所以氨化秸秆中含水量高，有机物消化率也会有不同程度的增加，但水分过多，秸秆便有霉败的危险。尿素与碳铵处理秸秆的含水量（包括风干秸秆中含水 10%）以 40%～45%为宜。

5．氨化秸秆的保存

氨化秸秆在垛中、窖中和其他容器中可保存很长时间，只要塑料膜不破、不漏氨，就不会霉坏。因此，必须经常检查，加强管理。

6．氨化秸秆的品质鉴定

氨化秸秆的品质可以通过感观、营养成分分析和饲喂效果来鉴定。氨化好的秸秆和未氨化好的秸秆、发霉的秸秆有明显的不同。

7．氨化秸秆的饲喂方法

氨化秸秆必须放净氨味并铡短后再喂牛，以便采食、咀嚼和拌料，减少损失。刚开始喂氨化秸秆时，有的牛可能不爱吃，特别是放过青的，不太适应。为了改变这种情况，开始时要少给勤添,逐渐提高采食量。一般驯饲 2～3 天,最多 1 周时间即可自由采食。氨化秸秆是有一定营养价值的粗饲料,但对于德系西门塔尔牛,要讲究饲料搭配,需补充其他的饲料,才能取得更好的生产效果。

为了提高粗饲料的营养价值和消化利用率,一般均需进行加工处理,并与其他的饲料搭配使用。

第二节 青饲料

青饲料以富含叶绿素而得名,种类繁多,主要包括天然牧草、栽培牧草、青饲作物、叶菜类饲料、树枝树叶及水生植物等。按饲料分类原则,这类饲料主要指天然水分含量高于60%的青绿多汁饲料。

青饲料种类很多,可分为四大类:第一类是天然草地或人工栽培的牧草,如黑麦草、紫云英、苜蓿、鸭茅等。第二类是叶菜类和藤蔓类,其中不少属于农副产品,如甘薯藤、甜菜叶、白菜帮、萝卜缨、南瓜藤等。第三类是水生饲料,如绿萍、水浮莲、水葫芦、水花生等。第四类是野生饲料,如各类野生藤蔓、树叶、野草等。不同种类的青饲料其营养特性差别很大,同一类青饲料在不同生长阶段其营养价值也有很大的不同。

含水量高、适口性好、鲜嫩的青饲料水分含量一般比较高,陆生植物的水分含量为75%～90%,而水生植物的约为 95%。青饲料的适口性好,易于消化,能提高食欲,是一些小规模养牛专业户经常使用的饲料,即使是大型德系西门塔尔牛场也应尽量供应。以干物质为基础计算,优质青饲料干物质的能量营养价值仍可与某些能量饲料如燕麦籽实和麦麸相媲美。

青饲料是德系西门塔尔牛所需各种维生素的优良来源,特别是胡萝卜素的含量很高,而这正是德系西门塔尔牛常用粗饲料中最为缺乏的。1 kg 青饲料中,胡萝卜素的含量可高达 50～80 mg。

另外,青饲料也是维生素 E、维生素 K、维生素 B、维生素 C 的主要来源。如 1 kg 青苜蓿中含核黄素 4.6 mg,比玉米籽实高 3 倍;硫胺素 1.5 mg,烟酸 18 mg,均高于玉米籽实。不过青饲料在维生素方面最大的缺点是不含维生素 D,维生素 B_6(吡哆醇)也很少。蛋白质含量较高的禾本科牧草和蔬菜类饲料的粗蛋白质量一般可达 1.5%～3%,豆科青饲料略高,为 3.2%～4.4%。按干样计算,前者粗蛋白质含量达 13%～15%,后者可高达18%～24%。动物采食的是鲜样,而动物消化道的结构决定了其采食量是有限的。不过,后者可满足家畜在任何生理状态下对蛋白质的营养需要,特别是豆科饲料的氨基酸组成也优于谷物类饲料。赖氨酸含量较高,可补充谷物饲料中赖氨酸的不足。青饲料中非蛋白氮(游离氨基酸、硝酸盐等)占总氮的 30%～60%,其中游离氨基酸占 60%～70%。生长旺盛期植物的非蛋白氮含量较高,随着植物成熟、纤维素增加而粗蛋白含量逐渐减少。

青饲料含粗纤维较少,木质素低,无氮浸出物较高。青饲料干物质中粗纤维不超过30%,叶菜类不超过 15%,无氮浸出物为 40%～50%。粗纤维和木质素的含量随生长期的延长而增加,即植物在开花或抽穗之前,粗纤维含量较低。木质素增加后,饲料消化率明显降低。据报道，每增加1%的木质素，有机物质消化率下降4.7%。因此，掌握好收获期十分重要。

青饲料中矿物质含量丰富且比较平衡，特别是钙、磷丰富，比例适当。某些青饲料中还含有一些未知因子，能促进德系西门塔尔牛的生长。因此，青饲料应作为德系西门塔尔牛饲养中的基本饲料，这对维持德系西门塔尔牛健康、促进生长具有作用。若将它和粗饲料混合饲喂，可提高粗饲料的利用率。

青饲料在喂牛时，只需经过简单的短切即可直接饲喂。另外，在青饲料较多的季节，可进行青贮，以保证均衡供应。

第三节　青贮饲料

青贮饲料是把青绿多汁饲料（青绿玉米秸、高粱秸、薯类藤、花生秧、牧草等）在缺氧条件下保存起来。青贮发酵是一个复杂的微生物活动和生物化学变化过程。青贮过程中，参与活动的微生物种类很多，而以乳酸菌为主，所以青贮的关键在于乳酸发酵的程度。正常青贮时，各类乳酸菌在含有适量水分、糖类以及缺氧环境下快速繁殖，可生成大量乳酸，以及少量醋酸、丙酸、琥珀酸等。乳酸的大量形成，一方面为乳酸菌本身的生长繁殖创造了有利条件，另一方面又促使在酸性环境中不能繁殖的其他微生物如腐败酸菌、酪酸菌等死亡。当乳酸积累到一定程度，酸度值下降到4.2以下时，乳酸菌自身亦受到抑制而停止活动，此时青贮发酵完成，乳酸含量可达青贮饲料重量的1%～2%。青贮饲料可以“一年储，多年用”，是一种既简单可靠又经济实用的扩大饲料来源的办法。

一、青贮饲料的优点

(1)营养丰富。青贮能减少营养成分损失，提高饲草利用率。一般晒制干草养分损失20%～30%，有时高达40%以上，而青贮后仅损失3%～10%，尤其能够有效地保存维生素。

(2)青绿鲜嫩、多汁适口。有了青贮饲料，德系西门塔尔牛在枯草季节也能吃到青绿饲料。青贮饲料具有芳香酒酸味，适口性好，采食量大。

(3)减少不利天气的影响。青贮不受气候条件的影响，阴雨季节或天气不好时，晾晒干草有困难，而青贮即使在阴天，甚至在微雨的情况下，依然可进行，只要掌握好操作规程，照样可获得成功。

(4)省工省时。青贮0.2 hm^2玉米秸，可供1头牛吃半年，省去经常铡草、淘草等许多工作。

二、青贮饲料的原料

青贮饲料的原料十分广泛，无毒无害的青绿植物均可青贮，如各种野草、野菜、作物秸秆、树叶等。易于青贮的原料有玉米秸、高粱秸、苏丹草、禾本科牧草、甜菜、胡萝卜等；不易于青贮的原料有苜蓿、草木樨、野豌豆、沙打旺、灰菜、蒿类等。在青贮时，将含糖分较高且易于青贮的禾本科饲草与含蛋白质丰富但不易青贮的豆科饲草混合青贮，可取得很好的效果。禾本科与豆科饲草混合青贮时的调制比例一般为 2∶1 或 1∶1。

青贮原料中要有一定的水分，适宜的量为 65%～70%，最低不得低于 55%。青贮原料含水量的高低，对青贮的成败具有决定意义。当原料含水量过多时，会导致青贮饲料腐败和变质，使青贮失败。当原料含水量过少时，不易踏实、压紧，残留空气过多，青贮饲料有发霉、腐烂的危险。

三、青贮容器

（一）青贮塔

青贮塔是用钢筋、水泥、砖砌成的永久性建筑物。优点是经久耐用，占地小，储存损失小，机械化程度高。缺点是一次性投资大，设施比较复杂，一般只有一些大型德系西门塔尔牛养殖场采用。

（二）青贮窖（壕）

青贮窖（壕）有地下式、半地下式和地上式 3 种，形状有圆形、长方形、长条形（壕）。永久性青贮窖（壕）用混凝土建成，农村大多是土窖（壕）。建窖地点应选择在地势较高、向阳干燥、土质坚实的地方，切忌在低洼处或树荫下建窖。

（三）地面堆储

地面堆储不专门占地，选一块干燥平坦的地面，铺上塑料布，然后将青贮料卸在塑料布上堆成堆即可。青贮堆的四边呈斜坡，将青贮堆压实之后，用塑料布封好，周围用土压严。

四、青贮饲料的调制方法与注意点

（1）土窖青贮时先在窖底铺 10 cm 左右的麦草，然后将铡短的原料逐层装入，压实、压紧，特别要注意窖四周靠壁处要踏紧，制造厌氧环境。青贮原料要装得比窖面的上限高出 1.5～2 cm，封顶要高出窖面 30 cm 以上，用塑料布直接覆盖，最后用土压在塑料布上，覆土 30 cm 左右。周围用土压紧，以防止漏气，并开好排水沟。

（2）速度要快，一次完成。青贮原料入窖时，从装窖开始至结束，要减少中间停顿的时间，过夜装填更为有害。青贮料暴露在空气中的时间越短越好，最好能一次封口。

（3）调制后 1 个月内，要经常检查整修。发现青贮窖（壕）因原料下沉表面出现裂缝，要及时修整，填平封严。地面堆储要特别注意防止鼠害，经常检查薄膜是否漏气。

五、青贮饲料的品质鉴定

在生产实践中，常采用一些简单而直观的感观鉴定方式来判断青贮的质量。感观鉴定是根据色、香、味和质地来完成的。

六、青贮饲料的利用

（1）取用：一般在青贮 30～50 天后取用。取用时要分段开窖，从上到下分层取用，切勿全面打开，防止暴晒、雨淋、结冻，严禁掏洞取用。取后封严，防止二次发酵。

(2)喂法与喂量:第一次饲喂青贮饲料时,有些牛可能不习惯食用,此时可将青贮饲料放在食槽底部,上面盖一些牛已经习惯食用的饲料,让它慢慢习惯后,再逐渐增加饲喂量。发霉变质的青贮饲料不能喂牛。

青贮饲料的用量应视家畜种类、年龄、生产水平和青贮饲料品质的好坏而定。德系西门塔尔牛一天饲喂量一般不得超过 15～20 kg,以免影响其他饲料的采食,导致营养不全面。

有一点要特别说明,青贮饲料虽是一种好饲料,但它并不是"全价饲料",要根据牛的营养需要,合理调配各种饲料。现在,为了提高青贮饲料的质量和营养,在青贮过程中根据需要添加各种添加剂,如尿素和各种有机酸类等。

第四节 精饲料

精饲料通常包括能量饲料和蛋白质饲料,它们在德系西门塔尔牛日粮中所占的比例根据肥育方向、育肥阶段、饲养方式有很大差别。在我国现阶段粗料育肥的饲养模式下,精料所占比重很小,每天 1～2 kg,后期达到 4 kg 左右;而在育肥条件较好、以生产高档牛肉为目的的育肥场,精料占的比例很高,前期精粗料比为 4.5 ∶ 5.5,育肥后期和催肥阶段的精料占比可达到 70%,甚至更高。

一、能量饲料

饲料分类学上规定,饲料干物质中粗纤维(CF)含量低于 18%、蛋白质(CP)含量低于 20%、每千克饲料干物质含消化能在 2500 kcal(10.50 MJ)以上的饲料属于能量饲料,如玉米、高粱等。

能量饲料的营养特点:淀粉类糖类含量丰富,可给牛、羊提供大量的有效能;粗纤维含量少,易消化;蛋白质含量较低(10%以下);赖氨酸、蛋氨酸、苏氨酸、色氨酸等必需氨基酸含量少;缺乏胡萝卜素,但 B 族维生素含量丰富。

能量饲料主要包括油脂类、谷物类、糠麸类、块根块茎类、瓜果类以及草籽树籽类饲料。

(一)谷物类饲料

谷物类籽实大部分是禾本科植物成熟的种子。这类种子的结构可分为种皮、糊粉层、胚乳及胚芽四部分。种皮和糊粉层为种子的外皮,作为保护组织,胚乳为营养储藏器官,胚芽为生长组织。由于各种种子的成分不一样,所以营养物质含量也不一样。

谷物类籽实中含有丰富的无氮浸出物,占干物质的 70%～80%,其中主要为淀粉,故消化率很高。但谷物类籽实中的蛋白质含量一般较低,占干物质的 8%～13%,矿物质含量较低,特别是钙的含量很低,一般低于 0.1%,磷的含量较高,一般可达 0.3%～0.45%。该类饲料通常缺乏维生素 A 和维生素 D。

1. 玉米

玉米是家畜、家禽的主要能量饲料,被誉为"饲料之王"。它所含的能量浓度在谷物类饲料中是最高的，而且适口性好，易于消化。玉米可溶性糖类含量高，可达72%，其中主要是淀粉，粗纤维含量低，仅占2%，所以玉米的消化率可达90%。玉米脂肪含量高，为3.5%～4.5%。含粗蛋白质偏低，为7.0%～9.0%，并且氨基酸组成欠佳，比较缺乏赖氨酸、蛋氨酸和色氨酸。近些年来，在玉米育种工作中，研究人员已培育出含有高赖氨酸的玉米，如中单9409，赖氨酸含量比普通玉米高出近1倍，产量与普通玉米相近，推广价值较高。

玉米因适口性好、能量含量高，在瘤胃中的降解率低于其他谷类，通过瘤胃到达小肠的营养物质比较高，可大量用于反刍动物的日粮中，在德系西门塔尔牛精饲料中的比例应高于50%。研究表明，玉米籽实饲喂德系西门塔尔牛时最好不要磨得很细，一般情况下破碎即可，主要是为了使玉米淀粉可以通过瘤胃到小肠进行消化。

2. 高粱

高粱是世界上的主要粮食作物之一，其总产量仅次于小麦、水稻和玉米。高粱籽实含能量的水平因品种不同而不同。带壳少的高粱籽实，能量水平并不比玉米低多少，也是较好的能量饲料。高粱蛋白质含量略高于玉米，氨基酸组成的特点和玉米相似，也缺乏赖氨酸、蛋氨酸、色氨酸和异亮氨酸。高粱的脂肪含量不高，一般为2.8%～3.3%，含亚油酸也低，约为1.1%。高粱含有单宁。单宁是影响高粱利用的主要因素之一，单宁含量高的高粱有涩味，适口性差。单宁可以在体内与蛋白质结合，从而降低蛋白质及氨基酸的利用率。根据整粒高粱籽实的颜色可以判断其单宁含量，褐色品种的高粱籽实含单宁高，白色的低，黄色的居中。现已培育出高赖氨酸高粱，但在实际使用中仍不能广泛推广。

对于德系西门塔尔牛来说，高粱经蒸煮加工后，可取代任何其他谷类。高粱与玉米配合使用效果可得到增强，并可提高饲料效率与生产性能，因为两者饲喂可使它们在瘤胃消化和通过瘤胃到小肠的营养物质有一个较好的分配。高粱直接用于德系西门塔尔牛的饲料中，和玉米的饲养价值相似，但不宜用整粒高粱籽实饲喂德系西门塔尔牛。

3. 小麦

小麦具有谷物类饲料的通性，营养物质易于消化，适口性好。小麦的粗蛋白质含量在谷物类籽实中也是比较高的，一般在12%左右，高者可达14%～16%。由于传统观念的影响，以前小麦很少作为饲料使用，近年来小麦在饲料中的用量逐渐增多。在欧洲，小麦是主要的谷物类饲料。小麦是否用于饲料取决于玉米和小麦本身的价格。

小麦籽实的组成包括胚乳、种皮、糊粉层和麦胚四部分。在面粉加工过程中，不是全部的胚乳都可以转变成面粉，上等面粉往往只有85%左右的胚乳变成面粉，其余的15%与种皮、麦胚等混合组成小麦麸。每100 kg小麦可生产面粉70 kg左右，麦麸30 kg左右，这种麦麸的营养价值较高。如果面粉质量要求不高，不仅小麦胚乳在面粉中保留得较多，甚至糊粉层也留在面粉中，这时的面粉和麸皮比例就发生了较大的变化，面粉占80%左右，麸皮占20%左右，故面粉和麸皮的质量都有所下降。

小麦喂牛以粗粉碎或蒸汽压片效果较好，整粒饲喂易引起消化不良，粉碎过细则麦粉在牛口腔中呈糊状，导致饲喂效果降低。小麦在反刍动物瘤胃中的消化很快，营养成分很难直接到达小肠，所以不宜在高产德系西门塔尔牛日粮中大量使用。磨细的小麦经炒熟后可作为犊牛、羔羊代乳料的成分，因其适口性好，饲喂效果也很好。麦麸可广泛地用于反刍动物，麦麸中含有的植酸磷经瘤胃内微生物的作用，可很好地被吸收利用，效果高于猪和家禽。母牛产犊前饲喂麦麸，可有效地预防胎衣不下等产科疾病。

4. 大麦

大麦属一年生禾本科草本植物，按播种季节可分为冬大麦和春大麦。大麦籽实有两种，带壳者叫“草大麦”，不带壳者叫“裸大麦”。带壳的大麦，即通常所说的大麦，它的能量含量较低。大麦谷粒坚硬，在饲喂给各种畜禽前必须将其压碎或碾碎，否则将不经消化就直接被排出体外。

大麦所含的无氮浸出物与粗脂肪均低于玉米，粗脂肪中的亚油酸含量很少，仅0.78%左右。因外面有一层种子外壳，粗纤维含量在谷物类饲料中是较高的，占5%左右。其粗蛋白质含量为11%～14%，且品质较好。大麦中赖氨酸含量比玉米、高粱约高1倍。大麦的脂溶性维生素含量偏低，不含胡萝卜素，但含有丰富的B族维生素。

德系西门塔尔牛适于饲用大麦，但效果低于玉米。粉碎过细的大麦在瘤胃内降解速度会很快，并且会引起反刍动物发生瘤胃症，先将大麦浸泡或压片后饲喂可以预防此症。大麦经过蒸汽或高压压扁可提高德系西门塔尔牛的产奶性能。啤酒糟的主要成分是大麦，用鲜啤酒糟饲喂德系西门塔尔牛可明显提高奶产量。

5. 燕麦

燕麦的品种相当复杂，一般常见的是普通燕麦，其他还有普通野生燕麦、红色栽培燕麦、大粒裸燕麦及红色野生燕麦。按颜色可分为白色、红色、灰黄色、黑色及混合色数种。按栽培季节可分为冬燕麦和春燕麦。

燕麦的麦壳比重较大，一般为28%。整粒燕麦籽实的粗纤维含量较高，在8%左右。燕麦的主要成分为淀粉，含量为33%～43%，较其他谷实类少。燕麦含油脂较其他谷类高，约为5.2%。脂肪主要分布于胚部，40%～47%为亚麻油酸。燕麦籽实的粗蛋白质含量在11.5%以上，与大麦含量相似，但赖氨酸含量低。燕麦富含B族维生素，烟酸含量较低，脂溶性维生素及矿物质含量均低。燕麦对德系西门塔尔牛有很好的适口性，能提高德系西门塔尔牛的产奶量，但必须先粉碎。

（二）块根块茎类饲料

块根块茎类作物中，常用作饲料的有甘薯、马铃薯、木薯、甜菜、胡萝卜等，共同的特点是自然状况下的含水量较高。干物质的组成中，淀粉和糖的含量丰富，粗纤维含量低，且不含木质素，但蛋白质含量少，富含钾，钙、磷含量低。此类饲料维生素组成变化较大，大部分都缺乏维生素D。除马铃薯，新鲜的原料中一般都含有较丰富的B族维生素，尤以胡萝卜中所含维生素的量最高。这类饲料适口性极好，消化率高，是德系西门塔尔牛的好饲料。

这类饲料在饲喂时，要洗净污泥，注意补充维生素和矿物质元素。同时，还要考虑饲料中可能含有的有毒成分，以免造成中毒。如饲喂甘薯时要防止黑斑病中毒，发芽的马铃薯中含有龙葵素毒素，饲喂木薯时要防止氰氢酸中毒等。为了防止块根块茎过大造成食管堵塞等意外事故发生，要先简单切碎后饲喂。

（三）糠麸类饲料

我国的大宗糠麸类饲料主要是小麦麸（麸皮）和大米糠，它们是面粉厂和碾米厂的副产品。麸皮类包括次粉、小麦麸。碾米厂的砻糠和统糠营养价值很低，与大米（细）糠显然不同，不能列入糠麸类饲料。

糠麸类饲料的优点：蛋白质含量为15%左右，比谷物类饲料（平均蛋白质含量为10%）高3%～5%；B族维生素含量丰富，尤其硫胺素、烟酸、胆碱和吡哆醇含量较多，维生素E含量也较多；物理结构疏松，含有适量的粗纤维和硫酸盐类，有轻泻作用，可作为载体、稀释剂和吸附剂。

糠麸类饲料的缺点：消化能或代谢能水平比较低，仅为谷物类饲料的一半，但价格却比谷物类饲料的一半高得多；含钙量低；含磷量很高，磷多以植酸磷形式存在，但猪和家禽对它的吸收利用率很低，德系西门塔尔牛和其他反刍动物因瘤胃内微生物作用可以利用植酸磷。

常见的糠麸类饲料有3种，主要介绍下小麦麸、米糠及米糠饼粕。

1. 小麦麸

小麦麸俗称“麸皮”，是以小麦为原料加工面粉时的副产品之一。小麦籽实由种皮、胚乳和胚芽3部分组成，其中种皮占14.5%，胚乳占83%，胚芽占2.5%。小麦麸主要由籽实的种皮、胚芽部分组成，并混有不同比例的胚乳糊粉层成分。加工面粉的质量要求不同，出粉率就不一样，麸皮的质量相差也就很大。如生产的面粉质量要求高，麸皮中来自胚乳糊粉层成分的比例就高，麸皮的质量也相应较高，反之则麸皮的质量较低。一般来讲，优质的麸皮的代谢能可达1.9 Mcal/kg(4.9 MJ/kg)，而质量差的麸皮的代谢能为1.5～1.7 Mcal/kg(6.3～7.1 MJ/kg)。麸皮的消化能、代谢能较低，B族维生素及维生素E的含量高，可以作为动物配合饲料中维生素的重要来源。因此在配制饲料时，麸皮通常作为一种重要的原料使用。

2. 米糠及米糠饼粕

米糠是糙米(稻谷去壳)加工精米时分离出来的一种副产品，由种皮、胚芽和糊粉层三部分组成。与麸皮一样，米糠的质量也随所加工的精米的质量而变化。如加工的精米越白，则米糠中糊粉层的比例越高，米糠的质量也越好。一般每百千克糙米可出米糠7 kg。米糠中的粗脂肪含量高达16.5%，并且脂肪中的不饱和脂肪比例高，易被氧化发热，不宜于保存。因此，米糠经提油后，不仅有利于保存，还可克服以上不利因素。米糠提油的方法有压榨法和溶剂浸提法两种，前者的副产品称为“米糠饼”，后者的副产品称为“米糠粕”。一般浸提法的提油率较压榨法高，因此，米糠粕较米糠饼的能值要高。但采用压榨法时，经过烘、炒、蒸煮、预压等工艺后，适口性和消化性都有所改善。

3. 其他糠麸类饲料

其他糠麸类饲料主要包括高粱细糠、玉米细糠和小米细糠。

(1)高粱细糠主要是高粱籽实的外皮，如属红高粱的副产物，则带有红色。代谢能可达到2 Mcal/kg(8.4 MJ/kg)，含蛋白质10.3%左右。有些杂种高粱的细糠含单宁较多，适口性差，易致便秘。

(2)玉米细糠含粗纤维较多，为9.5%～10%，代谢能较低，为1.8 Mcal/kg(7.6 MJ/kg)左右，蛋白质也较低，约为10%。

(3)小米细糠的粗纤维含量约为8%，代谢能水平约为2 Mcal/kg(8.4 MJ/kg)，蛋白质含量稍高，为11%，B族维生素、硫胺素和核黄素的含量较高，粗脂肪含量也较高。

二、蛋白质饲料

蛋白质饲料是指饲料干物质中粗蛋白质含量在20%以上、粗纤维含量在18%以下的饲料。蛋白质饲料可用来补充其他蛋白质含量低的能量饲料的不足，以组成平衡日粮。这类饲料具有能量饲料的某些特点，即饲料干物质中粗纤维含量较少，而且易消化的有机物质较多，每单位重量所含的消化能较高。

蛋白质饲料可以分为植物性蛋白质饲料和动物性蛋白质饲料两大类。植物性蛋白质饲料包括油料饼粕类、豆科籽实类和淀粉、工业副产品等。动物性蛋白质饲料包括鱼粉、肉粉、肉骨粉、血粉、羽毛粉、皮革蛋白粉、蚕蛹粉和屠宰场下脚料等副产品、乳制品等，除乳制品，其他产品禁止用作饲料。蛋白质饲料还包括单细胞蛋白质饲料(如各种酵母饲料、蓝藻类等)和非蛋白氮饲料(如磷酸脲、尿素、铵盐等)。

(一)植物性蛋白质饲料

植物性蛋白质饲料的营养特点:蛋白质含量较高，赖氨酸和色氨酸的含量较低。其营养价值随原料的种类、加工工艺和副产品有很大差异。一些豆科籽实、饼粕类饲料还含有抗营养因子。

1. 大豆饼粕

大豆饼粕是指由黄豆制成的油饼、油粕，与由黑豆制成的不同，是所有饼粕中最好的饼粕。一般黄豆不直接用作饲料，因豆类饲料中含有一种不良的物质，生喂时影响动物的适口性和饲料的消化率，但经过高温(110 ℃)加热3分钟即可消除。生豆粕是指在榨油时未加热或加热不足的豆粕，在使用前也需进行上述同样的加热处理。

大豆饼粕的蛋白质含量较高，为40%～44%，可利用性好，必需氨基酸的组成比例也相当好，尤其是赖氨酸含量较高，是饼粕类饲料中含量最高的，可高达2.5%～2.8%，是棉仁饼、菜籽饼及花生饼的1倍。大豆饼粕在各氨基酸比例上的缺点是蛋氨酸不足，因而在主要使用大豆饼粕的日粮中一般要另外添加蛋氨酸，才能满足动物的营养需要。

大豆饼粕也是德系西门塔尔牛的优质蛋白质饲料，可用于配制代乳饲料和幼畜的开食料。大豆饼粕在德系西门塔尔牛饲料中的比例可以占到30%，但从饲料成本方面考虑，高产德系西门塔尔牛可以用到20%～25%，中低产德系西门塔尔牛的低于15%。

2. 菜籽饼粕

菜籽饼粕的原料是油菜籽。菜籽饼粕的蛋白质含量中等，约为36%，代谢能较低，约为2 Mcal/kg(8.4 MJ/kg)。由于含有有毒成分，适口性差，菜籽饼粕不宜作为猪、鸡等单胃动物的唯一蛋白质饲料。菜籽饼粕中的有毒有害物质主要是从油菜籽中所含的硫葡萄糖苷酯类衍生出来的，这种物质分布于油菜籽的柔软组织中。此外，菜籽中还含有单宁、芥子碱、皂角苷等有害物质。它们有苦涩味，影响蛋白质的利用效果，阻碍生长。

菜籽饼粕对牛、羊等反刍家畜的副作用要低于猪、鸡等单胃动物。菜籽粕在瘤胃内的降解速度低于豆粕，通过瘤胃部分较大。德系西门塔尔牛饲料中的菜籽饼粕使用量在15%以下，产乳量和乳脂率均正常，青年母牛和犊牛饲料中也可使用少量的菜籽饼粕。

3. 棉籽饼粕

棉花籽实脱油后的饼粕因加工条件不同，营养价值相差很大，主要影响因素是棉籽壳是否去掉。完全脱了壳的棉仁所制成的饼粕，叫作“棉仁饼粕”。其蛋白质含量可达43%以上，甚至可达44%，代谢能水平可达2.39 Mcal/kg(10 MJ/kg)左右，与大豆饼不相上下。而由不脱掉棉籽壳的棉籽制成的棉籽饼粕，蛋白质含量不过22%左右，代谢能只有1.43 Mcal/kg(6.0 MJ/kg)左右，在使用时应加以区分。

棉籽内含有对家畜、家禽健康有害的物质——棉酚和环丙烯脂肪酸。棉酚是一种黄色的多酚色素，存在于种子的腺体内，是腺体的主要色素，占总色素的95%。在棉仁饼粕内，大部分棉酚和蛋白质及棉籽的其他成分相结合，只有小部分以游离形式存在。生棉籽中游离的棉酚含量依棉花品种、栽培环境不同，其含量为0.4%～1.4%。棉酚可引起畜禽中毒，一般表现为采食量减少，呼吸困难，严重水肿，体重减轻，甚至死亡。一般游离棉酚中毒是慢性中毒。动物尸体解剖时，可见胸腔和腹腔有大量积液，肝脾出血，肝细胞坏死，心肌损伤和心脏扩大等病变。在生产中，由于日粮中棉籽饼粕用量过度会出现增重慢、饲料报酬低的情况。

反刍动物因其瘤胃内微生物可以分解棉酚，所以棉酚的毒性相对小。棉籽粕在瘤胃内降解速度较慢，可作为良好的蛋白质饲料来源，适量使用可提高德系西门塔尔牛的乳脂率。通常，棉籽粕在德系西门塔尔牛饲料中的用量不超过5%。有很多德系西门塔尔牛场直接给母牛饲喂棉籽以提高乳中的有效成分。在母牛干乳期，即临产前建议不要饲喂棉籽粕，以防德系西门塔尔牛产前棉酚中毒。种用公牛也不要饲喂棉籽粕，棉酚会影响动物的繁殖率。

4. 向日葵饼粕

向日葵饼粕又叫“葵花仁饼粕”，也就是向日葵籽榨油后的残余物。向日葵饼粕的饲用价值视脱壳程度而定。我国的向日葵饼粕一般脱壳不净，带有的壳多少不等。粗蛋白质含量为28%～32%，赖氨酸含量不足，低于棉仁饼和花生饼，更低于大豆饼粕；可利用能量水平很低，每千克代谢能只有1.43～1.67 Mcal/kg(6～7 MJ)；粗纤维含量达20%左右。但也有优质的向日葵饼粕，带壳很少，粗纤维含量为12%，代谢能可达2.39 Mcal/kg(10 MJ/kg)。向日葵饼粕与其他饼粕类饲料配合使用，可以取得良好的饲养效果。

牛、羊等反刍动物对氨基酸的要求比单胃动物低，向日葵饼粕的适口性好，其饲养价值相对比较大，脱壳者的效果与大豆饼粕不相上下，通常可作为德系西门塔尔牛的主要蛋白质饲料资源。牛采食向日葵饼粕后，瘤胃内容物的酸度下降，可利用瘤胃内的微生物消化。向日葵饼粕是德系西门塔尔牛的优质蛋白质饲料资源，在其日粮中可以用到20%以上。

5. 花生仁饼粕

花生的品种很多，脱油方法不同，因而，花生饼粕的性质和成分也不相同。脱壳后榨油的花生仁饼粕营养价值高，代谢能含量可超过大豆饼粕，可达到3 Mcal/kg(12.50 MJ/kg)，是饼粕类饲料中可利用能量水平最高的饼粕。蛋白质含量也很高，高者可达44%以上。花生饼粕的另一特点是适口性极好，有香味，所有动物都很爱吃。花生粕在瘤胃中的降解速度很快，进食后几小时内即可有85%以上的干物质被降解，因此不适合作为唯一的蛋白质饲料原料。

花生仁饼粕蛋白质中的氨基酸含量比较平衡，利用率也很高，但不像豆饼、鱼粉那样可在配合饲料时提供更多的赖氨酸及含硫氨基酸，因此需要补充。花生仁饼粕易染上黄曲霉菌，特别是家禽更易因黄曲霉菌中毒，而黄曲霉毒素可使人患肝癌。当花生的含水量在9%以上、温度为30 ℃、相对湿度为80%时，黄曲霉菌即可繁殖，引起畜禽中毒。因此，花生仁饼粕应随加工、随使用，不要储存过长时间。采用高温、高湿地区的饲料作为原料时，包括花生仁饼粕、玉米、米糠、大米等在内，都要检测它们的黄曲霉毒素含量。

牛、羊等反刍动物的饲料均可使用花生仁饼粕，并且其饲喂效果不次于大豆饼粕。因其适口性好，可以用于犊牛、羔羊的开食料，用于德系西门塔尔牛、奶羊的日粮中，还有催乳和促生产的作用。因反刍动物瘤胃内微生物有分解毒素的功能，它们对黄曲霉毒素不很敏感，感染黄曲霉菌的花生饼粕可以用氨处理去毒，德系西门塔尔牛食用后不会使黄曲霉毒素转移到牛奶中。

6. 亚麻饼粕

我国北方地区种植油用亚麻，俗称“胡麻”，是当地的主要食用油来源，脱油后的残渣叫“亚麻籽饼”“亚麻籽粕”“胡麻籽饼”或“胡麻籽粕”。我国榨油用的胡麻籽多系亚麻籽与芸芥菜籽(也叫“芥菜籽”)的混杂物。因此严格地讲，胡麻籽饼粕与纯粹的亚麻饼粕是有区别的。亚麻种子中，特别是未成熟的种子中，含有亚麻苷配糖体，叫作“里那苦苷”或“生氰糖苷”。它可转化为氢氰酸，是一种对任何家畜、家禽都有毒的物质。

亚麻籽饼粕对动物的适口性不好，代谢能较低，约为2.15 Mcal/kg(9.0 MJ/kg)。其粗脂肪含量为8%左右，有的残脂高达12%。残脂高的亚麻饼粕很容易变质，不易保存。但经过高温高压榨油的亚麻籽饼粕很容易引起蛋白质褐变，降低其利用率。一般亚麻籽饼粕含粗蛋白质为32%～34%。赖氨酸含量不足，故在使用亚麻籽饼粕时要添加赖氨酸，或与含赖氨酸高的饲料混合使用。

反刍动物可以较好地利用亚麻籽饼粕，所以亚麻籽饼粕对德系西门塔尔牛育肥有一定的效果，还可以提高德系西门塔尔牛的产奶量。亚麻籽饼粕还有促进胃肠蠕动的功能。犊牛、羔羊、成年牛羊及种用牛羊均可使用，但用量应在10%以下。

(二)动物性蛋白质饲料

动物性蛋白质饲料含蛋白质量高，品质好，氨基酸平衡，是优质的蛋白饲料，但价格较高，在德系西门塔尔牛生产中几乎不用。

(三)单细胞蛋白质饲料

单细胞蛋白质饲料主要是菌体蛋白质，蛋白质含量高。目前应用较多的是石油酵母，但由于价格问题，在德系西门塔尔牛上使用也不多。

(四)非蛋白氮饲料

非蛋白氮饲料是一类特殊的饲料，指一些不是蛋白质的含氮物质，如氨、尿素等，牛的瘤胃内微生物可以利用它们合成菌体蛋白，进而和饲料蛋白质一样被牛消化利用。因此对牛来讲，非蛋白氮饲料也具有较高的营养价值，可以作为蛋白质的补充饲料，代替一部分的饲料蛋白，降低饲养成本。在生产中最常用的非蛋白氮是尿素。饲喂尿素的方法要正确，否则不但达不到效果，反而会出现中毒情况。

1. 饲喂尿素时应注意的问题

(1)牛的日粮中应含有一定量易消化的糖类，最好是淀粉，以有助于菌体蛋白的合成。

(2)牛的日粮中必须含有一定比例的蛋白质。饲料中蛋白质含量过高，细菌优先利用饲料蛋白质，很少或不利用尿素；含量过低，又会影响细菌的繁殖。比较好的比例是蛋白质含量为9%～12%。

(3)饲料中要含有一定量的钴和硫，提高细菌合成蛋白质的速度和含氮物质的利用率。

(4)瘤胃机能发育不健全的犊牛不能饲喂尿素。

2. 尿素的喂量

尿素的喂量为日粮粗蛋白质量的20%～30%，或日粮干物质的1%，也可按家畜体重0.02%～0.05%的量来供给。

3. 尿素的喂法

(1)在饲喂尿素时，可将它均匀地拌在精、粗饲料中饲喂，也可将它溶于水中喷洒到饲料中拌匀再喂，还可先将它加到青贮料中青贮后一起饲喂。

(2)饲喂尿素时开始要少给，等瘤胃中能利用尿素的细菌大量繁殖后，再加大喂量，要给牛5～7天的适应期。

(3)一天的喂量要分几次饲喂。

(4)严禁将尿素溶于水中让牛饮用或单独饲喂。

(5)牛处于饥饿或空腹状态下不要饲喂，否则易引起中毒。

三、精饲料的加工调制

精饲料的加工调制主要是为了破坏种皮结构和其中的某些有害物质，相对比较简单。

(一)磨碎与压扁

这是最常用的加工方法，可保证饲料中各种组分均匀分布，增加饲料与消化液接触面积，提高消化率。但饲料并非磨得越细越好，一般以中等细度为宜，颗粒直径为1～2 mm。但是也有实验表明，在用高精料日粮喂牛时，整粒玉米的消化率比磨碎的高，精料压扁比磨碎的效果更好。

对于粉尘多的饲料及磨碎或粉碎的饲料，应尽可能湿润一下再喂牛，以减少空气中的粉尘，提高牛的采食量和饲料消化率。浸泡可使硬质饲料软化，但要注意在夏季温度高时的浸泡，防止腐败、变质。

(二)发芽与糖化

将大麦、燕麦、青稞等禾本科籽实用15 ℃左右的温水浸泡24小时后，摊放在一些器具上，控制室内温度在20 ℃～25 ℃，经过5～8天，可使它们发芽。禾本科籽实本身缺乏维生素，发芽后会成为良好的维生素补充饲料，特别是在冬、春季节，可为犊牛和种牛提供维生素。一般芽长0.5～1 cm时，富含B族维生素和维生素E；芽长6～8 cm时，富含胡萝卜素。

糖化能使籽实中的淀粉部分转化为麦芽糖，提高饲料的适口性。糖化不能提高饲料的营养，但能很好地改善饲料的适口性。

(三)制成颗粒

将饲料粉碎后，根据德系西门塔尔牛的需要按一定比例配好后，加工成一定大小和形状的颗粒样饲料。牛的颗粒料直径为 4～5 mm,长为 10～15 mm,圆柱形。有时也将粗料和精料混合在一起制成颗粒料。

颗粒料具有饲喂方便、适口性好、利用率高、浪费少、消化道疾病少、采食量高等优点,在养牛业中,较先进的国家使用很普遍。

饲料加工后,要进行适当的调制。比较好的办法是将青、粗、精料按一定比例混合饲喂,能提高采食量和消化率。精料若单独饲喂,最好是按照配比调制成颗粒料或湿拌料,减少浪费。

第五节 特殊饲料

一、矿物质饲料

德系西门塔尔牛采食的饲料中,都含有一定量的矿物元素,能部分满足德系西门塔尔牛对矿物质的需要,但是由于饲料中矿物质的组成不够平衡,不能完全满足德系西门塔尔牛增重的需要,必须补充。

常用的矿物质饲料有 2 种。

(一)食盐

食盐是德系西门塔尔牛饲料中必须补充的,既能补充牛对钠和氯的需要,又能起到调味的作用,可提高食欲。若能以含碘食盐补充,则能同时补充碘,效果更好。在德系西门塔尔牛的饲料中,食盐添加量每天每头约 30 g,或可按混合精料量的 0.1%～2%补充。

(二)钙、磷添加物

植物性饲料中钙、磷比例不平衡,常表现为钙少磷多,特别是在以粗饲料为主饲喂德系西门塔尔牛的情况下,钙更容易缺乏,因此要在饲料中添加钙。

(1)含钙的矿物质饲料:常见的有石粉、贝壳粉、蛋壳粉等,来源广泛,价格低廉,是经常使用的一类钙补充料。这类饲料中钙的含量常在 30%以上。

(2)钙、磷平衡的矿物质饲料:最常用的是骨粉,既含钙又含磷,消化利用率高,是较理想的矿物质饲料。骨粉的价格相对较高,在幼龄犊牛上使用较多。在育肥阶段为了提高钙的吸收率,有时也在饲料中少量使用。骨粉含钙量约为 31%,含磷量约为 14.6%。在饲料中,很少使用单独的、补充磷的饲料。

二、添加剂饲料

添加剂是为了弥补饲料中某些营养成分的不足或不平衡,或为了促进动物生长向饲料中加入的少量或微量成分。这些添加的物质虽然量不多,但作用很大,能有效地防止缺乏症的发生,促进德系西门塔尔牛的生长。可以认为,添加剂是现代养牛业不可缺少的物质,特别是在集约化养牛的情况下,尤为重要。这一点有的养殖户或养殖场尚未能很好地认识。常用的添加剂有 4 种。

(一)维生素类添加剂

由于饲料中维生素的含量受很多因素的影响,含量往往不高,秸秆中的维生素含量更少。德系西门塔尔牛瘤胃内微生物能合成B族维生素和维生素K,应特别注意维生素A、维生素D、维生素E的补充。幼龄牛(8周龄前)需考虑B族维生素的供应。维生素添加剂要与精料补充料拌匀后饲喂。

(二)微量元素添加剂

要考虑对钴、铜、锌等的补充,在缺硒地区还要考虑添加硒。微量元素添加剂可拌和到精料中,也可将其制成舔盐或矿物砖的形式让牛自由舔食,达到补充的目的。

(三)促生长剂

这类物质大部分是非营养性的添加物,用于提高牛的生长速度和抗病能力,改善肉的品质。在使用时要注意安全,防止对牛产生危害。常用的有抗生素类促生长剂及埋植剂。

(1)抗生素类:最常用的是莫能霉素,又称"瘤胃素",能提高牛的食欲,促进营养物质的吸收,减轻消化道内细菌感染的症状。瘤胃素在舍饲育肥时,每天每头牛可使用150~200 mg。

(2)埋植剂:主要是一些激素物质,特别是雌性激素类,如玉米赤霉醇等,促生长效果较好。将这种制剂通过一种专用的埋植枪埋植在接近耳根的耳背皮下,或通过预混口服的方式,达到促进德系西门塔尔牛生长的目的。要注意埋植剂使用的安全性,不得在牛肉中残留,不得产生致癌、致畸、致突变的现象。它的使用应受到严格控制,屠宰前90天应停止使用。

(四)缓冲剂

在给德系西门塔尔牛饲喂大量高精料日粮或青饲料时,瘤胃内酸度提高,碱性降低,不利于微生物的繁殖,容易出现酸中毒。使用缓冲剂可防止这种现象的发生,提高采食量和饲料消化率,提高德系西门塔尔牛的生长速度。

第九章　德系西门塔尔牛饲养管理

任何优良品种及个体，只有在其生长发育的各个阶段都施以科学的饲养管理条件，才能真正发挥出该品种的遗传潜力，充分显示出高水平的生产效能。

第一节　犊牛的饲养管理

犊牛是指初生至断乳前这段时期的小牛。德系西门塔尔牛的哺乳期通常为6个月。

一、犊牛的饲养

（一）早喂初乳

初乳是母牛产犊后5～7天内所分泌的乳。初乳色深黄而黏稠，干物质总量较常乳高1倍。总干物质中除乳糖较少，其他含量都较常乳多，尤其是蛋白质、灰分和维生素A的含量。蛋白质中含有大量的免疫球蛋白，对增强犊牛的抗病力有关键作用。初乳中含有较多的镁盐，有助于犊牛排出胎便。此外，初乳中各种维生素的含量较高，对犊牛的健康与发育有着重要的作用。

犊牛出生后应尽快让其吃到初乳。一般犊牛在出生后0.5～1小时便能自行站立，此时要引导犊牛接近母牛乳房寻食母乳。若有困难，则需人工辅助哺乳。若母牛健康，乳房无病，可让犊牛直接吮吸母乳，随母自然哺乳。若母牛产后生病或死亡，可由同期分娩的其他健康母牛代哺初乳。在没有同期分娩母牛初乳的情况下，也可喂给牛群中的常乳，但每天需补饲20 mL的鱼肝油，并添加50 mL的植物油以代替初乳的轻泻作用。

（二）饲喂常乳

可以采用随母哺乳法、保姆牛法和人工哺乳法给哺乳犊牛饲喂常乳。

（1）随母哺乳法：让犊牛和其生母在一起，从哺喂初乳至断奶一直自然哺乳。为了给犊牛早期补饲，促进犊牛发育和诱发母牛发情，可在母牛栏的旁边设一犊牛补饲间，短期使母牛与犊牛隔开。

（2）保姆牛法：选择健康无病、气质安静、乳及乳头健康、产奶量中下等的德系西门塔尔牛（若代哺犊牛仅1头，选同期分娩的母牛即可，不必非用德系西门塔尔牛）做保姆牛，再按每头犊牛日食4～4.5 kg乳量的标准选择数头年龄和气质相近的犊牛固定哺乳，将犊牛和保姆牛管理在隔有犊牛栏的同一牛舍内，每日定时哺乳3次。犊牛栏内要设置饲槽及饮水器，以利于补饲。

(3)人工哺乳法：对找不到合适保姆牛的犊牛或德系西门塔尔牛场淘汰犊牛的哺乳，多用此法。新生犊牛结束5～7天的初乳期以后，可人工哺喂常乳。犊牛的哺乳量可参考表9-1。哺乳时，可先将装有牛乳的奶壶放在热水中进行加热消毒(不能直接放在锅内煮沸，以防过热后导致蛋白凝固，而影响酶的活性)，待冷却至38 ℃～40 ℃后哺喂，5周龄内日喂3次，6周龄以后日喂2次。喂后立即用消毒的毛巾擦嘴。缺少奶壶时，也可用小奶桶哺喂。

表9-1　不同周龄犊牛的哺乳量

类别 \ 日喂量(kg) \ 周龄	1～2	3～4	5～6	7～9	10～13	14以后	全期用奶
小型牛	4.5～6.5	5.7～8.1	6.0	4.8	3.5	2.1	540
大型牛	3.7～5.1	4.2～6.0	4.4	3.6	2.6	1.5	400

(三)早期补饲植物性饲料

采用随母哺乳时，应根据草场质量对犊牛进行适当的补饲，既有利于满足犊牛的营养需要，又有利于犊牛的早期断奶。

人工哺乳时，要根据饲养标准配合日粮，早期让犊牛采食以下植物性饲料。

(1)干草：犊牛从7～10日龄开始训练其采食干草。在犊牛栏的草架上放置优质干草，供其采食咀嚼，可防止其舔食异物，促进犊牛发育。

(2)精饲料：犊牛生后15～20天，开始训练其采食精饲料。其精饲料配方可参考表9-2。初喂精饲料时，可在犊牛喂完奶后，将犊牛料涂在犊牛嘴唇上诱其舔食。经2～3日后，可在犊牛栏内放置饲料盘，放置犊牛料任其自由舔食。因初期采食量较少，料不应多放，每天必须更换，以保持饲料及饲料盘的新鲜和清洁。初期每头犊牛日喂干粉料10～20 g，数日后可增至80～100 g，等适应一段时间后再喂以混合湿料，即将干粉料用温水拌湿，经糖化后饲喂。湿料给量可随日龄的增加而逐渐加大。

表9-2　犊牛的精饲料配方

饲料名称	配方1	配方2	配方3	配方4
干草粉颗粒(%)	20	20	20	20
玉米粗粉(%)	37	22	55	52
糠粉(%)	20	40	—	—
糖蜜(%)	10	10	10	10
饼粕类(%)	10	5	12	15
磷酸二氢钙(%)	2	2	2	2
其他微量盐类(%)	1	1	1	1

(3)多汁饲料：从生后 20 天开始，在混合精料中加入 20～25 g 切碎的胡萝卜，以后逐渐增加。无胡萝卜时，也可饲喂甜菜和南瓜等，但喂量应适当减少。

(4)青贮饲料：从 2 月龄开始喂给青贮饲料。最初每天 100～150 g，3 月龄 1.5～2.0 kg，4～6 月龄增至 4～5 kg。

(四)饮水

牛奶中的含水量不能满足犊牛正常代谢的需要，必须训练犊牛尽早饮水。最初需饮 36 ℃～37 ℃的温开水，10～15 日龄后可改饮常温水，1 月龄后可在运动场内备足清水，任其自由饮用。

(五)补饲抗生素

为预防犊牛拉稀，可补饲抗生素饲料。每头补饲 1 万国际单位的金霉素，30 日龄以后停喂。

二、犊牛的管理

(一)注意保温、防寒

注意保温、防寒，特别是我国北方地区，冬季天气寒冷、风大，要注意犊牛舍的保暖，防止冷风侵入。犊牛栏内要铺柔软、干净的垫草，保持舍温在 0 ℃以上。

(二)去角

对将来做肥育的犊牛和群饲的牛去角，会更有利于管理。去角的适宜时间多在生后 7～10 天。常用的去角方法有电烙法和固体氢氧化钠法两种。电烙法是将电烙器加热到一定温度后，牢牢地压在角基部，直到其下部组织烧灼成白色为止(不宜太久、太深，以防烧伤下层组织)，再涂以青霉素软膏或硼酸粉。固体氢氧化钠法应在晴天且哺乳后进行，先剪去角基部的毛，再用凡士林涂一圈，以防药液流出伤及头部或眼部，然后用稍蘸湿的棒状氢氧化钠涂擦角基部，至表皮有微量血渗出为止。在伤口未变干前不宜让犊牛吃奶，以免腐蚀母牛乳房的皮肤。

(三)母仔分栏

小规模系养式的母牛舍一般都设有产房及犊牛栏，但不设犊牛舍。大规模的牛场或散放式牛舍才另设犊牛舍及犊牛栏。犊牛栏分单栏和群栏两类，犊牛出生后即在靠近产房的单栏中饲养，每犊一栏，隔离管理，一般 1 月龄后才过渡到群栏。同一群栏内犊牛的月龄应一致或相近，因不同月龄的犊牛除在饲料条件的要求上不同以外，对于环境温度的要求也不相同，若混养在一起，对饲养管理和健康都不利。

(四)刷拭

在犊牛期，由于基本上采用舍饲方式，因此皮肤易被粪便及尘土所黏附而形成皮垢。这样不仅降低皮毛的保温与散热力，使皮肤血液循环恶化，而且也易患病。为此，每日必须刷拭 1 次犊牛。

(五)运动与放牧

犊牛从出生后 8～10 日龄起，即可开始在犊牛舍外的运动场做短时间的运动，并逐渐延长运动时间。如果犊牛出生在温暖的季节，开始运动的日龄还可适当提前，但需根据气温的变化，掌握每日运动的时间。

在有条件的地方，可以从生后第二个月开始放牧。但在 40 日龄以前，犊牛对青草的采食量极少，在此时期与其说放牧，不如说是运动。运动对促进犊牛的采食量和健康发育都很重要。在管理上应安排适当的运动场或放牧场，场内要常备清洁的饮水，在夏季必须有遮阴条件。

第二节　育成牛的饲养管理

犊牛断奶至第一次配种的母牛，或做种用之前的公牛，统称为“育成牛”。此期间是生长发育最迅速的阶段，精心的饲养管理，不仅可以获得较快的增重速度，而且可使幼牛得到良好的发育。

一、育成母牛的饲养管理

6～12 月龄：为母牛性成熟期。在此时期，母牛的性器官和第二性征发育很快，体躯向高度和长度两个方向急剧生长，同时，其前胃已相当发达，容积扩大 1 倍左右。因此，在饲养上要求既要能提供足够的营养，又必须具有一定的容积，以刺激前胃的生长。所以对这一时期的育成牛，除给予优质的干草和青饲料，还必须补充一些混合精饲料，精饲料比例占饲料干物质总量的 30%～40%。

12～18 月龄：育成牛的消化器官更加扩大，为进一步促进其消化器官的生长，日粮应以青、粗饲料为主，其比例约占日粮干物质总量的 75%，其余 25%为混合精饲料，以补充能量和蛋白质的不足。

18～24 月龄：这时母牛已配种受胎，生长强度逐渐减缓，体躯显著向宽深方向发展。若饲养过丰，在体内容易蓄积过多的脂肪，导致牛体过肥，造成不孕；但若饲养过于贫乏，又会导致牛体生长发育受阻，成为体躯狭浅、四肢细高、产奶量不高的母牛。因此，在此期间应以优质干草、青草或青贮饲料为基本饲料，精饲料可少喂甚至不喂，但要注意多样化、全价性。但到妊娠后期，由于体内胎儿生长迅速，则须补充混合精饲料，日定额为 2～3 kg。如有放牧条件，育成牛应以放牧为主。在优良的草地上放牧，精饲料可减少 30%～50%；放牧回舍时若牛未吃饱，则应补喂一些干草和适量精料。

育成牛在管理上首先应与大母牛分开饲养，可系留饲养，也可围栏圈养。每天刷拭 1～2 次，每次 5 分钟。同时要加强运动，促进肌肉组织和内脏器官，尤其是心、肺等呼吸和循环系统的发育，使其具备高产母牛的特征。配种受胎 5～6 个月后，母牛乳房组织处于高度发育阶段，为促进其乳房的发育，除给予良好的全价饲料，还要采取按摩乳房的方法，以利于乳腺组织的发育，且能养成母牛温顺的性格。一般早晚各按摩 1 次，产前 1～2 个月停止按摩。

二、育成公牛的饲养管理

公、母犊牛在饲养管理上几乎相同，但进入育成期后，二者在饲养管理上则有所不同，必须按不同年龄和发育特点予以区别对待。育成公牛的生长比育成母牛快，因而需要的营养物质较多，特别需要以补饲精饲料的形式提供营养，以促进其生长发育和性欲的发展。对育成公牛的饲养，应在满足一定量精饲料供应的基础上，令其自由采食优质的精、粗饲料。6～12 月龄，粗饲料以青草为主时，精、粗饲料占饲料干物质的比例为 55∶45；以干草为主时，其比例为 60∶40。在饲喂豆科或禾本科优质牧草的情况下，对于周岁以上育成公牛，混合精饲料中粗蛋白质的含量以 12%左右为宜。

在管理上，育成公牛应与母牛分群饲养。留种公牛 6 月龄始带笼头，拴系饲养。为便于管理，达 8～10 月龄时就应进行穿鼻带环，用皮带拴系好，沿公牛额部固定在角基部，鼻环以不锈钢的为最好。牵引时，应坚持左右侧双绳牵导。对于烈性公牛，需用勾棒牵引，由一个人牵住缰绳的同时，另一人两手握住勾棒，勾搭在鼻环上以控制其行动。肉用商品公牛运动量不易过大，以免因体力消耗太大影响育肥效果。种用公牛的管理必须坚持运动，上、下午各进行 1 次，每次 1.5～2.0 小时，行走距离 4 km。实践证明，运动不足或长期拴系，会使公牛性情变坏，精液质量下降，易患肢蹄病和消化道疾病等。但运动过度或使役过劳，牛的健康和精液质量同样也会受不良影响。每天刷拭 2 次，每次刷拭 10 分钟。经常刷拭不仅有利于牛体卫生，还有利于人牛亲和，且能达到调教驯服的目的。此外，洗浴和修蹄也是管理育成公牛的重要操作项目。

第三节　母牛的饲养管理

一、母牛的分群

泌乳牛按产奶量高低、胎次、泌乳月、体膘，分为头胎牛群、泌乳高峰群、泌乳中峰群、泌乳后峰群和干奶牛群。分群不论是对科学饲养提高产奶量，还是对增加经济效益，作用都相当显著；反之，则浪费饲料，增大成本，降低经济效益。

二、妊娠母牛的饲养管理

母牛受孕后，由于内分泌的变化和胎儿的生长发育，体重逐渐增加，包括胎儿增重和母体本身增重两个方面。一是，胎儿的增重。胚胎早期的绝对增重不大，当妊娠至 5 个月后，胎儿营养积聚逐渐加快，要注意增加营养，尤其注意蛋白质和矿物质的补充。二是，妊娠母牛的增重。母牛在妊娠期间，甲状腺和脑下垂体活动增强，物质代谢和能量代谢也随之增强。母牛在妊娠后期能量代谢提高 30%～50%，所以妊娠母牛维持营养需要随胎儿需要增加而增加，约比空怀母牛高 1/2。

母牛妊娠增重会随胎次增长而下降，这是由于初胎母牛仍处于继续生长阶段，故增重大。饲养标准上规定，初胎母牛和第二胎母牛分别增加维持需要量 20%和 10%。成年母牛在妊娠期仍需有相当的增重，以补偿前一泌乳期的消耗，并为下胎次产乳储积养分。

三、围产期母牛的饲养管理

围产期一般是指母牛分娩前后各 15 天共一个月的时间，母牛分娩前 15 天为围产前期，母牛产后 15 天为围产后期。母牛围产期的饲养管理对母牛产前产后、胎儿和新生犊牛的健康非常重要。实践证明，围产期母牛比泌乳中后期母牛的发病率都高。据统计，成母牛的死亡有70%～80%发生在这一时期，所以这一阶段的饲养管理应以保健为中心。

(一)围产前期母牛的饲养管理

母牛在分娩前10～15天转入产房，单独进行饲养管理。产房预先打扫干净，用20%的石灰水或2%的氢氧化钠溶液(火碱水)消毒，铺上干净而柔软的褥草，并建立常规的消毒制度。临产时，母牛进产房前进行卫生处理，母牛后躯和阴部用2%～3%的来苏水液洗刷，然后用毛巾擦干。

产房昼夜有人值班，勤换垫草，坚持运动和刷拭。发现母牛有临产症状时，助产员用0.1%的高锰酸钾液洗涤外阴部和臀部附近，并擦干，铺好垫草，任其自然产出。

临产前母牛的饲养应以优质干草为主，逐渐增加精饲料喂量。临产前7天的母牛可酌情多喂些精饲料，最大量不宜超过母牛体重的1%，这有助于母牛适应产后大量挤奶和采食的变化。临产前母牛除减喂食盐，还应饲喂低钙日粮，其钙含量减至平时喂量的1/3～1/2，或钙在日粮干物质中的比例降至0.2%。临产前2～3天内，精饲料中可适当增加麸皮含量，以防止便秘，利于分娩。

(二)母牛分娩期的护理

舒适的分娩环境和正确的接生技术，对母牛护理和犊牛健康极为重要。母牛分娩时必须保持安静，并尽量使其自然分娩。一般从阵痛开始需1～4小时，犊牛即可顺利产出。如果努责无力或出现异常，需进行人工助产。母牛分娩时使其左侧躺卧，以免胎儿受瘤胃压迫而产出困难。

母牛分娩后立即驱起，以免流血过多，并将准备好的温度为20 ℃～30 ℃的麸皮汤温水(15～20 kg，食盐150～200 g，麸皮少许)给母牛饮用。这可使母牛因分娩而突然血压降低及大量失水的状况得到迅速恢复。产后0.5～1小时内进行第一次挤奶，挤奶前用0.1%～0.2%的高锰酸钾溶液消毒，用温水洗净乳房四周。产后4～8小时内胎衣自行脱落，如12小时不自行脱落可采取人工剥离法或药物灌注法。人工剥离胎衣前向子宫内灌注5%的温盐水6～8 L，使胎衣漂浮，从而易剥离。

分娩母牛膘情处于中等以上的，第一班奶可以全部挤出。若膘情较差，第一班挤出量为估计量的1/3，以后逐渐增多挤出量。

(三)围产后期母牛的饲养管理

为尽快使母牛恢复消化机能和食欲，要补喂易消化精饲料，如玉米、麸皮，并适当增加钙在日粮中的水平和食盐的含量。对产后3～4天的乳牛，如母牛食欲良好、健康、粪便正常、乳房水肿消失，即可随其产乳量的增加，逐渐增加精饲料和青贮料喂量。一般每天精饲料增加量以0.5～1 kg为宜。

产后1周内的乳牛不宜饮用冷水，以免引起胃肠炎，所以应坚持饮温水，水温以37 ℃～38 ℃为宜，1周后可降至常温。为了促进食欲，要尽量多饮水。

产后母牛泌乳机能迅速增强，采食增加，代谢旺盛，常发生代谢紊乱而患酮病和其他代谢疾病，需及时补糖、补钙。产后15天内的母牛，其饲养应当以尽快促使母牛恢复健康为原则。产后12～14天，母牛肌注促性腺激素释放激素，可有效预防产后早期卵巢囊肿，并使子宫提早康复。

四、泌乳高峰期母牛的饲养管理

产后 16～100 天为母牛泌乳高峰期，此期体质已恢复，乳房软化，消化机能正常，采食量显著增加，乳腺机能的活动日益旺盛，产奶量迅速增加到峰值。一般母牛产奶高峰出现在产后 30～40 天，高产牛出现在产后 40～60 天，而产后牛的最大采食量往往出现在产后 80～110 天，所以此时期的营养物质处于负平衡状态，大多数德系西门塔尔牛会掉膘，高产牛尤甚，体重可下降 35～40 kg。因此，让母牛适时达到产奶高峰，减少体内能量的负平衡是此期应抓的主要工作。泌乳高峰期是整个泌乳期的黄金阶段，此阶段产量占全泌乳期产奶量的 40%左右。如何使德系西门塔尔牛在此期最大限度地发挥其泌乳性能，是夺取稳产高产的关键，也最能反映出饲养管理的效果。

为了维持产奶高峰，通过增加营养浓度是解决不了采食高峰滞后现象的，母牛只能动用其体内储备，即分解体组织来满足产奶所需的营养物质。当母牛靠消耗体内储备来达到最高产奶量时，蛋白质可能成为第一限制因素。因此，日粮中应该用额外的蛋白质来平衡动用体组织消耗的能量。此期把体重下降控制在合理的范围内是保证高产、正常繁殖及预防代谢病的重要措施之一。增加营养浓度，缩短产奶高峰与采食高峰的间隔时间，可使体重的下降程度减轻，从而有可能将失重控制在合理范围内。现在提倡的“引导”饲养法就是在泌乳盛期增加营养浓度，具体做法：从母牛产前 2 周开始，直到产犊后泌乳达到高峰逐渐增加精饲料，到临产时其喂量以不超过体重的 1%为限。分娩后第 3～4 天起，可逐渐增喂精饲料，每天按 0.5 kg 左右增加，直至泌乳高峰或精饲料不超过日粮总干物质的 65%为止。注意，在整个“引导”饲养期必须保证提供优质干草，日粮中粗纤维含量在 15%以上，才能保证在瘤胃内的正常发酵，避免瘤胃酸中毒、消化障碍及乳脂率下降。此法的优点在于可使瘤胃微生物区系及早地调整，以适应分娩后的高精饲料日粮，有利于增进分娩后母牛对精饲料的食欲和适应性，防止酮病发生。

泌乳高峰期的日粮应由如下饲料组成：第一，品质优良的高能粗饲料，如良好的全株玉米青贮、优质干草、苜蓿等。第二，增喂适量脂肪饲料，增加日粮能量浓度，如全棉籽等，采用能量高的谷类饲料，如玉米、大麦、高粱等。第三，将天然蛋白质置于饲料表面饲喂。第四，高产乳牛产后对钙、磷需求量很大，但日粮中往往不能满足，所以，钙、磷和其他矿物质呈负平衡状态。可补喂贝壳粉、骨粉和石粉，但必须测其利用率，而不要单纯按其含量计算。

五、泌乳中后期母牛的饲养管理

泌乳超过了高峰后至干乳前称为“泌乳中后期”。产奶高峰过后产奶量逐渐下降，应按母牛体重和泌乳量进行灵活饲养，每周或每两周按产奶量调整精饲料喂量 1 次。同时应注意母牛当时的膘情，凡是在泌乳早期体重消耗过多和瘦弱的，应在维持泌乳需要的基础上多喂一些，使母牛能尽早恢复体况。这不仅对健康有利，也对母牛持续高产有好处，但绝不能喂得过肥，保持中等膘情即可。

在泌乳后期虽产奶量少，但也不能放松饲养工作，更要注意饲粮配合和适口性，保持优质干草的供给，有条件可以供给青粗饲料，如苜蓿，保持母牛食欲旺盛和健康。加强运动，供给充足的饮水，按照挤奶程序正确挤奶，加强乳房按摩等，争取使母牛产奶量平稳下降，膘情逐渐恢复。

六、挤奶的技术与方式

目前，牛奶的挤出主要有两种方式，即手工挤奶和机器挤奶。手工挤奶是个体养牛或小规模德系西门塔尔牛养殖的生产方式；规模化养殖德系西门塔尔牛多采用机器挤奶方式。和手工挤奶相比，机器挤奶时间短，可以在几分钟内完成，能增加德系西门塔尔牛的产奶量，并且减少乳房炎的发病率和传播。不论是采用哪一种方式，牛奶的产出都有一定的过程，只有掌握正确的挤奶方式，符合泌乳的生理，才能取得最佳的泌乳效果。

（一）挤奶前的准备工作

1. 挤奶前，挤奶人员、场所、挤奶用具都要保持卫生清洁

准备好清洗乳房用的温水，清除牛体粘连的粪便，备齐挤奶用具：奶桶、盛奶罐、过滤纱布、洗乳房水桶、毛巾等。挤奶用具用冷水冲洗后，再用 0.5％的温碱水（约 45 ℃）刷洗 1 遍，最后用清水冲洗 2 遍。挤乳员穿好操作服（围裙），洗净双手。

2. 清洗乳房

清洗乳房的目的是保证乳房的清洁，促使乳腺神经兴奋，形成排奶反射，加速乳房的血液循环，加快乳汁分泌与排乳过程，以提高产奶量。方法是用 45 ℃～50 ℃的热水将毛巾沾湿，先洗乳头孔及乳头，而后洗乳房的底部中沟、右侧乳区、左侧乳区，最后洗乳房的后面。清洗乳房用的毛巾应清洁、柔软，最好各牛专用，如多牛共用 1 条，也要将用于患有皮肤病或乳房炎等病牛的毛巾与健康牛的分开。开始时，宜用带水较多的湿毛巾洗擦，然后将毛巾拧干，自下而上地擦干整个乳房。此时，如乳房显著膨胀，表明内压已增高，反射已形成，便可挤奶。否则，需用热毛巾敷擦乳房，以加强刺激。这个过程需 45～60 秒。为保证牛奶质量和德系西门塔尔牛健康，清洗乳房的水中还应加入消毒剂，如碘酊，含碘量应达到 0.5％。

（二）常用人工挤奶方法

在牛的右侧后三分之一处，挤奶员坐在小板凳上，与牛体纵向呈 50°～60°的夹角。奶桶夹于两大腿之间，左膝在牛右后肢关节前例附近，两脚尖朝内，脚跟向外侧张开，以便夹住奶桶，这样即可开始挤奶。手工挤奶压榨法的手法是用拇指和食指紧握乳头基部，然后再用其余各指依次按压乳头，左、右两手有节奏地、一紧一松地连续进行。要求用力均匀，动作熟练。注意掌握好速度，一般要求每分钟压榨 80～120 次。在排奶的短暂时刻，要加快速度。在开始挤奶和结束前，速度可稍缓慢，但要求一气挤完。挤奶的顺序一般是先挤两后乳头，而后换挤两前乳头。必须严格按照顺序进行，使其形成良好的条件刺激。有的初产母牛因乳头太小，不便于握拳压榨，可改用滑下法。其手法是用拇指和食指紧夹乳头基部，而后向下滑动，这样反复进行。滑下法的缺点是容易使乳头变形或损伤。在具体挤奶的过程中，往往用乳汁沾湿手指，滑下才较顺利，但这样既不卫生，又容易使乳头发生干裂。因此，在正常情况下不宜采用。

挤奶时，挤奶员的坐姿正确，既便于操作又能保证安全。开始挤奶时，先将 4 个乳区的各个乳头挤出含细菌最高的第一、二把奶，挤于遮有黑色绢纱布的容器内，检查乳汁是

否正常，如在纱布上发现有干酪似的乳块或脓、血块等异物，或发现乳房内有硬块或出现红肿，乳汁的色泽、气味出现异常，应及时报告，尽早进行治疗。对牛的态度不可粗暴，不许任意鞭打，以防养成牛踢人等恶癖。挤奶完毕，要彻底洗净奶桶等用具，用4%的碘甘油涂抹乳头，以防干裂及细菌侵犯。挤奶员一定要戴上紧口圆帽，以防头发及污物落入奶桶，影响牛奶卫生。

（三）机器挤奶技术

机器挤奶不仅能减轻工人的劳动强度，提高劳动生产率和鲜奶重量，而且还能增加经济效益。由于机器挤奶是4个乳头同时挤，动作柔和，无残留奶，德系西门塔尔牛的泌乳性能可得到充分发挥，因此是提高产奶量的措施之一。一个100头规模的德系西门塔尔牛场有2台活塞式挤奶车就够用了，可极大地提高劳动生产率。

1. 挤奶机械的选择

当前使用的挤奶器有桶式、车式、管道式、坑道式、转环式等。生产单位可以根据每天泌乳牛的头数选择挤奶机械。如果10～30头泌乳牛或中小牛场的产房，则选用提桶小推车式挤奶器；30～200头选用管道式，草原地区也可选用车式管道挤奶器；200～500头最好选用坑道式挤奶器，鱼骨、平行、棱形均可；500头以上，选用2套坑道或平型64床的坑道式，条件许可时可选用转环式（转盘）。选用挤奶器时务必注意维修条件和易损零件的供应渠道。

2. 机器挤奶的操作规程

(1)用温热的消毒液清洗乳房和乳头，让牛知道挤奶即将开始。作好挤奶准备后，应在1分钟内将乳头杯装上，每个乳头杯必须以滑动的方式装上并尽量减少空气进入乳头杯。德系西门塔尔牛通常在清洗乳房后大约1分钟开始放乳，持续2～4分钟。

(2)检查牛奶的流速，必要时应调整挤奶机。只有挤奶机得到适当调整才能快速、完全地挤奶。通常，前面的2个乳头杯应比后面的2个乳头杯稍高一些。乳头杯如果安装不合适，常会造成滑落和奶流受阻。如果空气进入乳头杯，可造成细小的奶滴高速回流乳头池，细菌亦可趁机而入并导致乳房炎。

(3)牛奶是否挤完可从搏动器的玻璃管上观察到。注意及时给德系西门塔尔牛按摩。快挤完时，一手摸着集奶器小钩上部向下按，用以增加乳房的压力，使奶流到乳池再到乳头腔内被挤出来。

(4)挤奶结束时，应先关掉真空泵开关，然后卸下乳头杯。挤奶不应过度，大多数德系西门塔尔牛都会在4～5分钟内完成排乳，前面的2个乳区比后面的2个乳区提前结束排乳，后面的2个乳区比前面的2个乳区产奶多，因此前面的2个乳区会发生轻度挤奶过度。通常，这种情况不会引起任何问题。采取运行正常的挤奶机，挤奶时间超过1～2分钟不会造成乳房炎。

(5)挤奶员要及时按摩卸下挤奶机的德系西门塔尔牛的乳房，并将奶全部用手挤干。

(6)用安全和有效的消毒剂给乳头消毒，用温和的消毒剂浸泡或喷洒乳头末端2/3的部分，如用0.5%的氢氧化钠。

(7)为预防乳房炎的传播，在准备挤下一头德系西门塔尔牛之前必须对乳头杯橡胶内套管进行消毒。常用的办法是将乳头杯、橡胶内套管放在清水里冲掉残留的牛奶，然后将乳头杯放在含有消毒剂的桶中浸泡2～3分钟，并擦干橡胶内套管。如果操作不当，可能增加乳房炎的传播。多数挤奶机都配有自动清洗系统，可快速有效地对乳头杯进行消毒。

(8)挤奶机用毕，将集奶器反过来，铁钩向下，使挤奶杯向下，放入冷水桶内，打开真空导管后冷水即通过挤奶杯胶皮管进入挤奶桶内。先用冷水洗，后用85 ℃热水冲洗干净，最后将挤奶桶和集奶器等放在架上晾干。

3. 机器挤奶乳房炎的防治

乳房炎是德系西门塔尔牛最常见的疾病之一，其危害性极大，造成的经济损失十分惊人，包括产奶量下降、高产牛损失、牛只更新费用增加、兽药防疫费用上升等。特别是采用机器挤奶后尤为突出，有较多的牧场因处置不妥，被迫停用机器。控制乳房炎的唯一办法是以防为主，结合检查隐性乳房炎加以治疗的综合措施，建立一套隐性乳房类的检测制度。定期按有关规定进行检测，并根据结果采取果断措施。坚持秋冬季每月1次检测，春夏季每月2次检测。强阳性者，或2次阳性的牛停止机械挤奶，移到隔离牛舍改用手工挤奶并医治。此外，还要加强德系西门塔尔牛的饲养管理，做好环境清洁卫生。讲究挤奶卫生是减少乳房炎、养好德系西门塔尔牛、提高产奶量和牛奶质量的有力措施之一。在具体细节上，应做好下列几方面工作，并作为操作规程来执行。

(1)应保持牛场环境和牛舍、牛床、牛身清洁卫生以及垫草干净，以杜绝污染源。

(2)应严格遵守挤奶卫生规则。乳房要清洗干净、擦干，清洗乳房用0.02%的次氯酸钠(安替福民)消毒液，水最好用45 ℃～55 ℃的温水。毛巾和手要洗干净，水要经常调换，以防止间接感染。

(3)挤奶时间应控制在4～6分钟内完成，机器挤奶控制在3～5分钟内。乳房要清洗干净，待乳房膨胀下奶后即开始挤奶(机器挤奶即套奶杯)。奶挤完后应及时卸掉奶杯，防止空挤。空挤最容易造成乳头孔黏膜瘀血、充血、外翻损伤和真空回流的相应感染而引起乳房炎。手工挤奶要挤得快而干净，最后一把奶一定要挤干净。挤完奶后，乳头消毒采用药浴法或喷雾法，可使用0.5%的碘消毒剂或3%的次氯酸钠溶液(现配现用)。将乳头放入药浴液中浸泡或喷雾整个乳头周围，待干结后形成薄膜，起到消毒、封闭乳孔、防止污染的作用。

(4)挤乳时，要检查乳房有无异常、硬肿、坏奶，如发现有乳房炎，不能套乳杯，一律用手挤，一般放在最后挤。同时要加强用具、容器和手的消毒。由患乳房炎的母牛产的奶应另外处理，以防传播，并对被污染的牛床加以消毒。

(5)患乳房炎或有乳房外伤、乳头发炎的母牛，应及时治疗。

(6)机器挤奶时，注意真空压要稳定，波动要小，节拍要适当；气管、乳杯不可有裂痕、漏气、阻塞等。要经常检修挤乳机装置系统。由装置系统发生问题而引起暴发式乳房炎所占的比例极大，应严加注意。

(7)与挤乳接触过的用具、储存器，用后必须洗净消毒或蒸汽消毒，干燥后方可使用。

七、干乳期奶牛的饲养管理

泌乳牛在下胎次产奶前有一段停止泌乳的时期，称为“干乳期”，时间为50～70天，平均约60天。干乳期是母牛饲养管理过程中的一个重要环节，干乳方法的好坏、干乳期的长短以及干乳期的饲养管理对于胎儿的发育、母子牛的健康以及下一个泌乳期的产奶量有着直接的影响。

（一）干乳的意义

干乳期是胎儿迅速生长发育和需要较多养分的阶段，也是改善母牛体况、为下胎次泌乳创造条件的阶段。干乳期内乳腺分泌活动停止，分泌上皮细胞更新，为下胎次正常泌乳做好准备。

（二）干乳的方法

采用快速停奶法干乳。配种员在干乳前 10 天对德系西门塔尔牛进行妊娠日期、胎儿情况的检查。兽医则进行每个乳区的隐性乳房炎检测，阳性牛只进行及时治疗、再检测，直到确认为阴性。配种员和兽医许可干乳时，由专职停奶员干乳。干乳时最后一次挤奶要完全挤净，用杀菌液将乳头消毒后注入专用干乳药物，同时封闭乳头孔。在停奶后 3 天内，专职停奶员随时检查干乳情况，无异常者转入干乳牛群，如有异常由兽医处理。转入干乳牛群后，即按干乳牛的饲养标准饲喂。杜绝发生假干乳牛和因自然干乳而延长干乳期的现象。对产奶量极少的德系西门塔尔牛，可人工挤奶。对治疗隐性乳房炎的或产奶量偏高的德系西门塔尔牛，干乳期可适当少于 60 天。

（三）干乳期的饲养管理

母牛在干乳后 7～10 天内，乳房里的乳汁已被乳房所吸收，乳房已萎缩，逐渐增加精饲料和多汁饲料，5～7 天内达到妊娠干乳牛的饲养标准。干乳期饲养管理的原则是整个干乳期的饲养措施不能使乳牛过肥。

干乳母牛分为干乳前期和干乳后期两个阶段，前 5 周为干乳前期，后 3 周为干乳后期。

(1)干乳前期：对体况仍不良的高产母牛，要进行较丰富的饲养，提高其饲养水平，使其在产前具有中上等体况，即体重比泌乳盛期要提高 10%～15%。母牛具有这样的体况，才能保证正常分娩和下次泌乳期获得更高的产奶量。对于体况良好的干乳牛，一般只给予优质粗饲料即可，以提高其营养水平。一般日给精饲料 2.5～3 kg，青贮饲料 14～15 kg，干草 4～5 kg。

(2)干乳后期：提高日粮的营养水平，以准备即将来临的泌乳。这对于临近初次泌乳的育成牛也是适用的，尤其对于高产母牛，喂给的精饲料水平更要高些。为此，可按前述在泌乳盛期采用的“引导”饲养法。高精饲料日粮不会引起乳房炎，但能促使已存在于乳房中的慢性乳房炎加剧而暴露。因此，在干乳后期必须对母牛乳房进行严密检查，如发现有乳房炎，应及时治疗。一般在干乳后期，精饲料喂量为 4 kg，增喂 1 kg 豆粕。

对于干乳母牛，不仅应注意饲料的数量，更应注意饲料的质量，必须新鲜清洁、质地良好。冬季不可饮过冷的水（水温以 15 ℃～16 ℃为宜）和饲喂冰冻的、腐败霉烂的饲料，以及掺有真菌的饲料，以免引起流产、难产及胎衣滞留等疾患。

干乳母牛每天要有适当的运动，产前停止运动。若缺少运动，则牛体容易过肥，引起分娩困难、便秘等，甚至发生早产和分娩后产奶量降低。干乳母牛皮肤分泌旺盛，易生皮垢，因此，每天应加强刷拭，促进代谢。

第十章　德系西门塔尔牛肥育技术

第一节　德系西门塔尔牛肥育方式

德系西门塔尔牛肥育方式可分为放牧肥育、半舍饲半放牧肥育、舍饲肥育 3 种。

一、放牧肥育方式

放牧肥育是指从犊牛到出栏牛，完全采用草地放牧而不补充任何饲料的肥育方式，也称“草地畜牧业”。这种肥育方式适合于人口较少、土地充足、草地广阔、降雨量充沛、牧草丰盛的牧区和部分半农半牧区。如新西兰肉牛育肥基本上以这种方式为主，一般自出生到饲养至 18 个月龄，体重达 400 kg 便可出栏。

如果有较大面积的草山草坡可以种植牧草，在夏天青草期除供放牧，还可保留一部分草地，收割、调制青干草或青贮料，作为越冬饲用。这种方式也称为“放牧育肥”，且最为经济，但饲养周期长。

二、半舍饲半放牧肥育方式

夏季青草期牛群采取放牧肥育，寒冷干旱的枯草期把牛群于舍内圈养，这种半集约式的育肥方式称为“半舍饲半放牧肥育”。

此法通常适用于温带地区，因为当地夏季牧草丰盛，可以满足德系西门塔尔牛生长发育的需要，而冬季低温少雨，牧草生长不良或不能生长。

采用半舍饲半放牧肥育应将母牛控制在夏季牧草期开始时分娩，犊牛出生后，随母牛放牧自然哺乳。这样，因母牛在夏季有优良青嫩牧草可供采食，故泌乳量充足，能哺育出健康犊牛。当犊牛生长至 5～6 月龄断奶时，重达 100～150 kg，随后采用舍饲，补充一点精饲料过冬。在第二年青草期，采用放牧肥育，冬季再回到牛舍舍饲 3～4 个月即可达到出栏标准。

此法的优点：可利用最廉价的草地放牧，犊牛断奶后可以低营养过冬，第二年在青草期放牧能获得较理想的补偿增长。在屠宰前有 3～4 个月的舍饲肥育，胴体优良。

三、舍饲肥育方式

德系西门塔尔牛从出生到屠宰，全部实行圈养的肥育方式称为“舍饲肥育”。舍饲肥育的突出优点是使用土地少，饲养周期短，牛肉质量好，经济效益高。缺点是投资多，需较多的精料。此法适用于人口多、土地少、经济较发达的地区。美国盛产玉米，且价格较低，舍饲肥育已成为他们的一大特色。

舍饲肥育方式又可分为拴饲和群饲。

（一）拴饲

舍饲肥育较多的德系西门塔尔牛时，每头牛分别拴系给料称为“拴饲”。其优点是便于管理，能保证同期增重，饲料报酬高。缺点是运动少，影响生理发育，不利于育肥前期增重。

一般情况下，给料量一定时，拴饲效果较好。

（二）群饲

群饲问题是由牛群数量多少、牛床大小、给料方式及给料量引起的。一般 6 头为一群，每头所占面积为 4 m^2。为避免斗架，肥育初期头数可多些，然后逐渐减少。或在给料时，用链或连动式颈枷保定。如在采食时不保定，可设简易牛栏，像小室那样，将牛分开自由采食，以防止因抢食而造成增重不均。但如果发现有被挤出采食行列而怯食的牛，应另设饲槽单独喂养。

群饲的优点是节省劳动力，牛不受约束，利于生理发育。缺点是一旦出现抢食，牛的体重会参差不齐，而且在限量饲喂时，应该用于增重的饲料反转到了运动上，降低了饲料报酬。

当饲料充分、自由采食时，群饲效果较好。

第二节　德系西门塔尔牛肥育技术

在生产实践中，根据不同的分类标准，德系西门塔尔牛肥育技术一般分为以下几个体系。按性能划分，可分为普通德系西门塔尔牛肥育和高档德系西门塔尔牛肥育；按年龄划分，可分为犊牛肥育、青年牛肥育、成年牛肥育、淘汰牛肥育；按性别划分，可分为公牛肥育、母牛肥育、阉牛肥育；根据饲料类型划分，可分为精料型直线肥育、前粗后精型架子牛肥育。

本节结合生产实际需要，主要介绍犊牛肥育、青年牛肥育、架子牛肥育等技术体系。

一、犊牛肥育

犊牛肥育又称“小肥牛肥育”，是指犊牛出生后 5 个月内，在特殊饲养条件下，育肥至 90～150 kg 时屠宰，生产出风味独特和肉质鲜嫩、多汁的高档犊牛肉。犊牛肥育以全乳或代乳品为饲料，在缺铁条件下饲养，肉色很淡，故又称“白牛”生产。

(一)犊牛的选择

1. 年龄与体重

一般选择初生重不低于 35 kg、无缺损、健康状况良好的初生牛犊。

2. 体形外貌

选择头方大、前管围粗壮、蹄大的犊牛。

(二)饲养管理技术

1. 饲料

由于犊牛吃了草料后肉色会变暗,不受消费者欢迎,为此,犊牛肥育不能直接饲喂精饲料、粗饲料,应以全乳或代乳品为饲料。

以代乳品为饲料的参考配方如下:

丹麦配方:脱脂乳 60%～70%,猪油 15%～20%,乳清 15%～20%,玉米粉 1%～10%,矿物质、微量元素 2%。

日本配方:脱脂奶粉 60%～70%,鱼粉 5%～10%,豆饼 5%～10%,油脂 5%～10%。

2. 饲喂

犊牛的饲喂应实行计划采食。以代乳品为饲料的饲喂计划如表 10-1 所示。

表 10-1　代乳品饲喂量

周龄	代乳品(g)	水(kg)	代乳品/水
1	300	3	100
2	660	6	110
8	1800	12	145
12～14	3000	16	200

1～2 周代乳品温度为 38 ℃左右,以后为 30 ℃～35 ℃。

饲喂全乳时,也要加喂油脂。为更好地消化脂肪,可将牛乳均质化,使脂肪球变小,如能喂当地的黄牛乳,效果会更好。饲喂应用奶嘴,日喂 2～3 次,日喂量最初 3～4 kg,以后逐渐增加到 8～10 kg,4 周龄后喂到能吃多少吃多少。

3. 管理

严格控制饲料和水中铁的含量,强迫牛在缺铁条件下生长;控制牛与泥土、草料的接触,牛栏地板尽量采用漏粪地板,如果是水泥地面应加垫料,垫料要用锯末,不要用秸秆、稻草,以防采食;饮水充足,定时定量;有条件的,犊牛应单独饲养,如果几个犊牛圈养,应带笼嘴,以防吸吮耳朵或其他部位;舍温要保持在 14 ℃～20 ℃,通风良好;要吃足初乳,最初几天还要在每千克代乳品中添加 40 mg 抗生素和维生素 A、维生素 D、维生素 E,2～3 周要经常检查体温和采食量,以防发病。

4. 屠宰月龄与体重

犊牛饲喂到 1.5～2 月龄,体重达到 90 kg 时即可屠宰。如果犊牛增长率很好,进一步饲喂到 3～4 月龄,体重达到 170 kg 时屠宰,也可获得较好效果。但屠宰月龄超过 5 月龄时,单靠全乳或代乳品的增长率就很低了,且月龄越大,牛肉越显红色,肉质较差。

二、青年牛肥育

青年牛肥育主要是利用幼龄牛生长快的特点，在犊牛断奶后直接转入肥育阶段，给以高水平营养，进行直线持续强度育肥，13～24 月龄前出栏，出栏体重达到 360～550 kg 以上。这类牛肉鲜嫩多汁、脂肪少、适口性好，是高档牛肉。

（一）舍饲强度肥育

青年牛的舍饲强度肥育一般分为适应期、增肉期和催肥期 3 个阶段。

(1)适应期：刚进舍的断乳犊牛不适应环境，一般要有 1 个月左右的适应期。应让其自由活动，充分饮水，饲喂少量优质青草或干草，麸皮每日每头 0.5 kg，以后逐步加大麸皮喂量。当犊牛能进食麸皮 1～2 kg 时，逐步换成育肥料。日粮参考配方为：酒糟 5～10 kg，干草 15～20 kg，麸皮 1～1.5 kg，食盐 30～35 g。

(2)增肉期：一般持续 7～8 个月，分为前、后两期。前期日粮参考配方：酒糟 10～20 kg，干草 5～10 kg，麸皮、玉米粗粉、饼类各 0.5～1 kg，尿素 50～70 g，食盐 40～50 g。喂尿素时将其溶解在水中，与酒糟或精饲料混合饲喂，切忌放在水中让牛饮用，以免中毒。后期日粮参考配方：酒糟 20～25 kg，干草 2.5～5 kg，麸皮 0.5～1 kg，玉米粗粉 2～3 kg，饼类 1～1.3 kg，尿素 125 g，食盐 50～60 g。

(3)催肥期：此期主要是促进牛体膘肉丰满，沉积脂肪，一般为 2 个月。日粮参考配方：酒糟 20～30 kg，干草 1.5～2 kg，麸皮 1～1.5 kg，玉米粗粉 3～3.5 kg，饼类 1.25～1.5 kg，尿素 150～170 g，食盐 70～80 g。为提高催肥效果，可使用瘤胃素，每日 200 mg，混于精饲料中饲喂，体重可增加 10%～20%。

德系西门塔尔牛舍饲强度肥育要掌握短缰拴系（缰绳长 0.5 m）、先粗后精、最后饮水、定时定量饲喂的原则。每日饲喂 2～3 次，饮水 2～3 次。喂精饲料时应先取酒糟用水拌湿，或干、湿酒糟各半混均，再加麸皮、玉米粗粉和食盐等。牛吃到最后时加入少量玉米粗粉，使牛把料吃净。饮水在给料后 1 小时左右进行，要给 15 ℃～25 ℃的清洁温水。

舍饲强度肥育的肥育场形式：全露天肥育场，无任何挡风屏障或牛棚，适于温暖地区；全露天肥育场，有挡风屏障；有简易牛棚的育肥场；全舍饲肥育场，适于寒冷地区。以上形式应根据投资能力和气候条件而定。

（二）放牧补饲强度肥育

放牧补饲强度肥育是指犊牛断奶后进行越冬舍饲，到第二年春季结合放牧适当补饲精饲料。这种育肥方式的精饲料用量少，每增重 1 kg 约消耗精饲料 2 kg，但日增重较低，平均日增重在 1 kg 以内。15 月龄体重为 300～350 kg，8 月龄体重为 400～450 kg。

放牧补饲强度肥育饲养成本低，肥育效果较好，适合于半农半牧区。进行放牧补饲强度肥育应注意不要在出牧前或收牧后立即补料，应在回舍后数小时补饲，否则会减少放牧时牛的采食量。当天气炎热时，应早出晚归，中午多休息，必要时夜牧。当补饲时，如粗饲料以秸秆为主，其精饲料参考配方如下：1～5 月，玉米面 60%，油渣 30%，麦麸 10%；6～9 月，玉米面 70%，油渣 20%，麦麸 10%。

（三）谷物饲料肥育法

谷物饲料肥育法是一种强化肥育的方法，要求完全舍饲，使牛在不到 12 月龄时活重达到 400 kg 以上，平均日增重达 1000 g 以上。要达到这个指标，可在 5 周～2 月龄时断奶，喂给含可消化粗蛋白质 17％的混合精饲料日粮，使犊牛在近 12 周龄时体重达到 110 kg。之后用含可消化粗蛋白质 14％的混合料，喂到 6～7 月龄时，体重达 250 kg。然后可消化粗蛋白质再降到 11.2％，使牛在接近 12 月龄时体重达 400 kg 以上，公犊牛甚至可达 450 kg。不同周龄牛精饲料报酬如表 10-2 所示。

表 10-2　　不同周龄牛精饲料报酬表

阶段	日增重(kg)		千克增重需混合料(kg)	
	公犊	阉牛犊	公犊	阉牛犊
5 周龄前	0.45	0.45	—	—
6 周～3 月龄	1.00	0.90	2.7	2.8
3～6 月龄	1.30	1.20	4.0	4.3
6 月至屠宰龄	1.40	1.30	6.1	6.6

用谷物强化法催肥，每千克增重需 4～6 kg 精饲料，原由粗饲料提供的营养改为谷实(如大麦或玉米)和高蛋白质精饲料(如豆饼类)。典型实验和生产总结证明，如果用糟渣料和氮素、无机盐等为主的日粮，每千克增重仍需 3 kg 精饲料。因此，谷物催肥在我国不可取，或只可短期采用，以弥补粗饲料法的不足。

从品种上考虑，要达到这种高效的肥育效果必须是大型牛种及其改良牛，一般黄牛品种是无法达到的。

为降低精饲料消耗，可选用以下代用品。

(1)尿素代替蛋白质饲料：牛的瘤胃微生物能利用游离氨合成蛋白质，所以饲料中添加尿素可以代替一部分蛋白质。添加时应掌握以下原则：

①只能在瘤胃功能成熟后添加：按牛龄估算，应在生 3.5 个月以后。实践中多按体重估算，一般牛要求重 200 kg，大型牛则要重 250 kg。过早添加会引起尿素中毒。

②不得空腹饲喂，要搭配精饲料。

③精饲料要低蛋白质：精饲料蛋白质含量一般应低于 12％，超过 14％则尿素不起作用。

④限量添加：尿素喂量一般占饲料总量的 1％，成牛可达 100 g，最多不能超过 200 g。

(2)块根块茎饲料代替部分谷物料：按干物质计算，块根与相应谷物所含代谢能相等，但成本低。甜菜、胡萝卜、马铃薯都是很好的代用料。12 月龄以内、体重低于 250 kg 的牛最多能用块根饲料代替一半精饲料；体重 250 kg 以上的，可大部分或全部用块根饲料代替精饲料，但由于全部用块根饲料代替精饲料要增加管理费，且得调整其他营养成分，在实践中应用的不多。

(3)粗饲料代替部分谷物料：用较低廉的粗饲料代替精饲料可节省精饲料，降低成本，尤其是采用草粉、谷糠秕壳可收到较好的效果。但不能过多，一般以 15％为宜，过多会降低日增重，延长育肥期，影响牛肉嫩度。

利用秸秆代替部分精饲料在国内已大量应用，特别是麦秸、氨化玉米秸的应用更为广泛，并取得了良好的效果。秸秆粉碎后，应加入一定量的无机盐、维生素，若能加工成颗粒饲料，效果会更好。

（四）粗饲料为主的育肥法

（1）以青贮玉米为主的育肥法：青贮玉米是高能量饲料，蛋白质含量较低，一般不超过2%。以青贮玉米为主要成分的日粮，要想获得高日增重，要求每日搭配1.5 kg以上的混合精料。其参考配方如表10-3所示。

表10-3　　体重300～350 kg肥育牛日粮参考配方

饲料	一阶段	二阶段	三阶段
青贮玉米(kg)	30	30	25
干草(kg)	5	5	5
混合(kg)	0.5	1.0	2.0
食盐(kg)	0.03	0.03	0.03
无机盐(kg)	0.04	0.04	0.04

注：肥育期为90天，每阶段各30天。

以青贮玉米为主的肥育法，增重的多少与干草的质量、混合精饲料中豆粕的含量有关。如果干草是苜蓿、沙打旺、红豆草、串叶松香草或优质禾本科牧草，精饲料中豆粕含量占一半以上，则日增重可达1.2 kg以上。

（2）以干草为主的肥育法：在盛产干草的地区，秋、冬季能够储存大量优质干草，可采用干草肥育。具体方法是：优势干草随意采食，日加1.5 kg精饲料。干草的质量对增重效果起有关键性作用。大量的生产实践证明，豆科和禾本科混合干草饲喂效果较好，而且还可节约精饲料。

三、架子牛肥育

架子牛肥育也称“后期集中肥育”，是指犊牛断奶后，在较粗放的饲养条件下饲养到2～3周岁，体重达到300 kg以上时，采用强度肥育方式，集中肥育3～4个月，充分利用牛的补偿生长能力，达到理想体重和膘情后屠宰。这种肥育方式成本低，精料用量少，经济效益较高，应用较广。

架子牛的肥育要注意以下几个环节。

（一）入舍前的准备

牛入舍前1周，应将牛舍粪便清除，用水清洗后，用2%的火碱溶液对牛舍地面、墙壁进行喷洒消毒，用0.1%的高锰酸钾溶液对器具进行消毒，最后再用清水清洗一遍。如果是敞圈牛舍，冬季应扣塑膜暖棚，夏季应搭棚遮阴，通风应良好，温度应不低于5 ℃。

（二）驱虫

架子牛入栏后应立即进行驱虫。常用的驱虫药物有伊维菌素、丙硫苯咪唑、敌百虫（美曲膦酯）、左旋咪唑等。应在牛空腹时进行驱虫，以利于药物吸收。驱虫后，应隔离饲养2周，其粪便消毒后再进行无害化处理。

(三)健胃

驱虫 3 日后,为增加食欲,改善消化机能,应进行一次健胃。常用于健胃的药物是人工盐,其口服剂量为每头每次 60～100 g。

(四)饲养管理

肥育架子牛应采用短缰拴系,限制活动,缰绳以 0.4～0.5 m 长为宜。饲喂要定时定量,先粗后精,少给勤添。刚入舍的牛因对新的饲料不适应,头一周应以干草为主,适当搭配青贮饲料,少给或不给精饲料。肥育前期,每日饲喂 2 次,饮水 3 次;后期,每日饲喂 3～4次,饮水 4 次。每天上、下午各刷拭 1 次。经常观察粪便,如粪便无光泽,说明精饲料少,如便稀或有料粒,则精饲料太多或消化不良。

(五)日粮配方

在我国,架子牛肥育的日粮以青粗饲料或酒糟、甜菜渣等加工副产物为主,适当补饲精饲料。精、粗饲料比例按干物质计算为 1∶(1.2～1.5),日干物质采食量为体重的 2.5%～3%,其参考配方如表 10-4 所示。

表 10-4　　日粮配方表

类型 时间	干草或青贮玉米秸(kg)	酒糟(kg)	玉米粗粉(kg)	饼类(kg)	盐(kg)
1～15 天	6～8	5～6	1.5	0.5	0.05
16～30 天	4	12～15	1.5	0.5	0.05
31～60 天	4	16～18	1.5	0.5	0.05
61～100 天	4	18～20	1.5	0.5	0.05

第十一章　德系西门塔尔牛繁育技术

一、发情鉴定技术

(一)初情期与初配月龄

德系西门塔尔牛的初情期为8～12月龄。一般情况下,母牛满15～18月龄,体重达成年体重的70%,即可配种。

(二)发情周期、发情持续期与产后发情

从上一次发情开始到下一次发情开始之间的时间为一个发情周期。德系西门塔尔牛的发情周期平均为21天。从发情开始到发情结束之间的时间为发情持续期。德系西门塔尔牛的发情持续期平均为18小时左右。在正常情况下,德系西门塔尔牛产后50天内出现第一次发情。

(三)发情鉴定方法

1. 外部观察法

行为变化:发情母牛兴奋,躁动,哞叫,食欲减退,产奶量下降,弓腰举尾,频频排尿,嗅其他母牛外阴,爬跨它牛或接受它牛爬跨。

身体变化:外阴潮湿,阴户肿胀,有黏液流出,拉丝或粘于外阴周围。

2. 阴道检查法

用开膣器扩张阴道,借助手电筒光来观察阴道黏膜充血、肿胀的程度,分泌物的量、色泽和黏稠度,子宫颈口开张等情况,判定发情与否和所处的发情阶段。

3. 直肠检查法

用手通过母牛直肠壁触摸卵巢上的卵泡,检查其大小、形状、软硬程度、搏动感的有无与程度等卵泡发育情况来判定是否发情和所处的发情阶段。

(四)发情观察

(1)根据上次的发情时间和发情周期,在下次发情即将来临之际,有目的、有针对性地对即将发情的牛只进行观察。

(2)对于牛场的群体,应每日进行4～5次观察,每日的观察时间为:6:00,10:00,14:00,18:00和22:00。

(五)检查与治疗

对发情异常及产后50天内未见发情的牛只要及时检查治疗。发情异常有不发情、安

静发情、假发情、断续发情、持续发情、妊后发情等。

（六）配种适期

德系西门塔尔牛发情的持续时间较短，在发情结束后 6～15 小时排卵。静立，接受爬跨和阴户流出透明、量多、强拉丝性黏液是配种最适宜的时段（见表 11-1）。

表 11-1　发情征候与最佳配种时间的关系

项目	躁动期	静立强拉丝期	恢复期
爬跨	爬跨它牛	静立，接受它牛爬跨，爬跨它牛	拒绝它牛爬跨与爬跨它牛
行为	敏感，哞叫，躁动，多站立与走动，回首，尾随它牛，自卫性强	尾随、舔它牛，食欲减退，不安	恢复常态
阴户	略微肿胀	肿胀，阴道壁潮湿、闪光	肿胀消失
黏液	少而稀薄，拉丝性弱	量多，透明，含泡沫，拉丝性强，丝可呈“Y”状	呈胶状
持续时间	(8±2)小时	18 小时	(12±2)小时
配种	—	最佳配种时期	—

二、选配原则

（1）防止近亲繁殖。有计划地选用不同种公牛的精液进行选配。

（2）防止难产。按照“大配大，小配小，不小不大配中间”的原则，尤其对初产牛及体型较小的母牛，选用的种公牛体重不应太大。

（3）对牛的生产性能进行改良。对于产奶量低的母牛，用产奶量高的公牛精液配种；对于乳脂率低的母牛，用乳脂率高的公牛精液配种。

三、人工授精技术

（一）严把精液质量关

（1）选择管理规范、有国家颁发的精液生产许可证的种公牛站采购精液。在精液采购时严把质量关，并抽样检查其活力、密度等指标是否合格。

（2）将精液保存于高真空的液氮罐内。液氮罐放在清洁、干燥、通风处，定期检查液氮水平面，使其保持在高出精液 18 cm 以上。

（3）取用与检查精液时操作迅速。检查时精液不能离开液氮罐口。取出的精液迅速按程序解冻，并在最短时间内输精完毕，做好记录工作。

（二）采用子宫颈把握法输精

（1）轻揉肛门，使肛门松弛。

（2）手臂进入直肠，动作要轻，并分次掏出粪便，清洗牛的后躯，最后消毒。

（3）手指插入子宫颈的侧面，伸入子宫颈之下，握住子宫颈，输精器以 35°～40°角向上进入阴道后略向下方进入子宫颈口。

(4)输精器前端通过子宫颈横行皱褶时可回抽、摆动和滚动，以顺利通过子宫颈，在子宫体与角结合部输精，也可输到排卵侧的子宫角大弯部。

四、妊娠检查与预产期计算

(一)妊娠检查方法

(1)发情观察法。配种后没有再发情，可初步确定妊娠，但此法不可靠，需要进一步确认。

(2)直肠检查法。通过触摸卵巢黄体、子宫等的变化，判断是否妊娠。

(3)激素检查法。在输精后23～24天采集母牛血浆、全乳或乳脂，测定其黄体酮(即孕酮)含量，判断是否妊娠。

(二)计算预产期的方法

正常情况下，德系西门塔尔牛的妊娠期为280天左右。

可采用"月减3、日加6"的方法计算牛的预产期，即配种月减3，若为负数加12；配种日加6，若超过30天，可减30天，月份再加1个月即可。

五、接产与助产

(一)接产准备

(1)母牛分娩应在专门的产房进行。产房应安静，便于消毒和接产操作，地面应防滑。

(2)准备好接产、助产用具及药品，包括消毒液、助产绳、医用剪刀、开膣器、润滑液等。用具要充分消毒。

(3)接产人员应昼夜值班，并与兽医取得联系。

(二)母牛临产征兆

(1)从临产前1周开始，乳房出现水肿，并随临产的接近水肿加剧。

(2)从临产前1周开始，尾根两侧柔软松弛，并随临产的接近而下陷。

(3)外阴部肿胀松弛，分娩前2～3天子宫颈栓开始排出，腹部下垂。

(4)临产前1～2天母牛体温稍有上升，分娩前下降。

(5)母牛子宫颈口开张并逐渐变大，出现努责与阵痛，间隔时间逐渐缩短，随之出现破水，说明分娩过程已经开始。

(三)接产与助产

(1)在外阴部见到胎膜后应进行胎位检查，如胎位正常(前肢和头部在前)可不必助产，使其自行产出。如胎位不正，要对胎位进行校正，先将胎儿推回子宫，校正为正常胎位。

(2)在见到胎膜和前肢后，经1小时以上胎儿仍不能正常产出时，要进行助产。方法是用助产绳拴住胎儿前肢球节以上部位，拉住助产绳慢慢进行牵引。牵引时注意与母牛的努责相互配合，牵引方向应与产道方向相一致，并护住母牛阴门，防止阴门撕裂，一鼓作气，将胎儿拉出。

(3)遇其他异常情况如难产等，应由兽医处理。

(4)在胎儿产出后 5～6 小时,胎衣应该排出,应仔细观察完整情况。如胎儿产出后 12 小时以上胎衣尚未完全排出,应请兽医处理。

(5)如胎儿产出后母牛仍进行努责,则有双胎的可能,即尚有一胎儿未产出,应做好下一胎儿的接产准备。

六、提高繁殖力的综合技术措施

(一)提高繁殖力的一般技术措施

(1)饲料营养:营养不良或营养水平过高,都会对德系西门塔尔牛发情、受胎率、胚胎质量、生殖系统功能、内分泌平衡、分娩时的各种并发症(难产、胎衣不下、子宫炎、怀孕率降低)等产生不同程度的影响。饲养者应根据德系西门塔尔牛不同生理特点和生长生产阶段要求,按照常用饲料营养成分和饲养标准,配制饲料,精、青、粗合理搭配,实行科学饲养,保持德系西门塔尔牛 7～8 成的种用体况,切忌掠夺式生产,造成德系西门塔尔牛泌乳期间严重营养负平衡。

(2)降低热应激:德系西门塔尔牛是耐寒怕热的动物,适宜温度为 0 ℃～21 ℃,最适温度为 6 ℃～8 ℃。夏季气温往往高达 30 ℃甚至更高,对德系西门塔尔牛采食量、产奶、繁殖等性能产生严重影响。所以,降低热应激对德系西门塔尔牛的影响是夏季饲养管理中的重要工作内容。

(3)实行产后监控:母牛产后监控是平常科学饲养管理条件下,从分娩开始至产后 60 天之内,通过观察、检测(查)、化验等方法,对产后母牛实施以生殖器为重点、以产科疾病为主要内容的全面系统监控,及时处理和治疗母牛生殖系统疾病或繁殖障碍,对患有子宫内膜炎的个体尽早进行子宫净化治疗,促进产后母牛生殖机能尽快恢复。

(4)减少高产德系西门塔尔牛繁殖障碍:德系西门塔尔牛的繁殖障碍即暂时性或永久性不孕症,主要有慢性子宫炎、隐性子宫内膜炎、慢性子宫颈炎、卵巢机能不全、持久黄体、卵巢囊肿、排卵延迟、繁殖免疫障碍、营养负平衡引起生殖系统机能复旧延迟等,高产德系西门塔尔牛更为普遍。造成德系西门塔尔牛繁殖障碍的主要因素有 3 个方面:一是饲养管理不当,二是生殖器官疾病,三是繁殖技术失误。主要对策是制订科学合理的饲养管理制度,严格繁殖技术操作规范,实施母牛产后重点监控,提高德系西门塔尔牛不孕症防治效果。

(二)提高发情检测率和配种率的技术措施

(1)发情检测:发情检测是德系西门塔尔牛饲养管理中的重要内容,坚持每天早、中、晚 3 次发情观察,可显著提高母牛发情检测率。提高德系西门塔尔牛发情检测率的方法主要有人工观察法、尾部涂漆法(群养)、直肠检查法等。采用多种方法并用,检测率会更高、更准确。

(2)及时查出和治疗不发情或乏发情母牛:德系西门塔尔牛出现不发情或乏发情多数与营养有关,应及时调整母牛的营养水平和饲养管理措施。对因繁殖障碍引起的不发情或乏发情母牛,在正确诊断的基础上,可采用孕马血清促性腺激素、氯前列烯醇、三合激素等激素进行催情,可收到良好的效果,但不同药物、不同使用剂量与处理方式效果各异。

(三)提高受胎率的技术措施

(1)采用优质冻精:精液的好坏直接关系到德系西门塔尔牛的受胎率。引进冻精时,除要求所选公牛具有很高的性能指数,还应具备良好的繁殖性能。确定引进的冻精应在当时抽取一定比例的冷冻精液进行包括精子活力、密度、顶体完整率等指标在内的精液品质检查。引进后冻精也应定期进行精液品质检查,保证配种所用冻精的安全性和优质性。

(2)输精技术:直肠把握输精是德系西门塔尔牛配种常用的方法,必须严格输精操作技术规程,适时而准确地把一定量的精液输到发情母牛子宫内的适当部位,避免生殖道损伤,是提高德系西门塔尔牛受胎率的根本保证。

(3)适时配种:德系西门塔尔牛发情后 0～6 小时内输精,受胎率最高,也可通过母牛以下表现判断最佳输精时间:母牛发情开始减弱,即由不安转向平静;外阴肿胀开始消失,黏膜颜色由潮红变成粉红或带有紫青色;黏膜由多到少,呈黏稠微浑浊状,拇指和食指间蘸起的黏液可牵拉 7～8 次不断;直肠检查卵泡直径在 1.5 cm 以上。

(4)输精部位:德系西门塔尔牛排卵以单侧为主,在 90%以上,其中右侧排卵明显高于左侧,右侧排卵占 54%,左侧排卵占 37%,两侧同时排卵约占 10%。为此,输精前应检查排卵部位,然后将镜检合格的精液输送到子宫颈深部 5～8 cm 偏排卵一侧。实行 2 次输精,间隔 8～12 小时输第二次。

(5)治疗屡配不孕症:治疗不孕症的方法很多,效果取决于对不孕症种类的正确诊断。

(四)提高产犊率和犊牛成活率的技术措施

(1)加强保胎,做到全产:德系西门塔尔牛配种受孕后,受精卵或胚胎在子宫内游离时间长,一般在受孕后 2 个月左右才逐渐完成着床过程,而在妊娠最初的 18 天又是胚胎死亡的高峰期,所以,妊娠早期胚胎易受体内、体外环境的影响,造成胚胎死亡或流产。加强保胎,做到全产,成为提高产犊率的主要措施。首先应注重饲养管理,实行科学饲养,保证母体及胎儿的各种营养物质需要,避免因营养不良或过高,以及热应激等环境因素造成母体内分泌失调和体内生理环境的变化;不喂腐烂变质、有强烈刺激性、霜冻等情况的料草和冰冷饮水;防止妊娠牛受惊吓、鞭打、滑跌、拥挤和过度运动,对有流产历史的牛只更要加强保护措施,必要时可服用安胎药或注射黄体酮保胎。

(2)加强培育,做到全活:加强妊娠母牛的饲养管理,尤其是怀孕后期的,有助于提高犊牛的初生重。初生牛犊在生后 2 小时内吃上初乳,以增强犊牛对疾病的抵抗力。生后 7 小时进行早期诱饲,尽快促进牛胃发育。制订合理的犊牛培育方案,保证犊牛生长发育良好。避免犊牛卧在冷湿地面,采食不洁食物,防止拉稀等疾病的发生。

(3)缩短产犊间隔:缩短产犊间隔不仅可以提高繁殖率,而且可以提高产奶量。在母牛分娩后进行药物处理,促进子宫复原和卵巢生殖机能恢复,在配种后进行早期妊娠诊断,及时诱导空怀牛发情配种等,是缩短产犊间隔、提高产犊率的重要措施。

(五)现代繁殖技术的应用

现代繁殖技术主要包括周期发情、超数排卵、胚胎移植、胚胎分割、体外受精、性别控制、核移植等技术。

(1)胚胎移植技术:胚胎移植已是相对成熟的技术,在德系西门塔尔牛生产中合理应用不仅可以提高产奶量,而且可以加快育种进程,提高牛群遗传性能,可使高产德系西门塔尔牛的繁殖速度提高 3～6 倍。胚移分冻胚和鲜胚移植两种途径。冻胚移植是引进购买冷冻胚胎，借助胚移器械，在发情第 7 天通过直肠输精方法把解冻的胚胎移植到受体母牛子宫内；鲜胚移植是通过同期发情、超数排卵处理、收集鉴定胚胎，将可用胚胎移植给经同期发情处理的受体母牛。胚胎移植效果取决于供体、胚胎和受体的质量。目前，冻胚移植妊娠率平均为 50%，鲜胚移植妊娠率平均为 60%。

(2)早期妊娠诊断：德系西门塔尔牛的早期妊娠诊断是生产中亟需解决的问题。早妊诊断主要有人工观察法、直肠检查法、超声波仪器检查法、测定血液或乳汁中黄体酮含量、试剂盒检测等方法。不同方法的判断准确性各不同，但多数方法都在 85%～90%及以上。

第十二章　德系西门塔尔牛场建设

牛场是德系西门塔尔牛饲养的场所，是牛只生长发育和繁殖的重要环境因素之一。建设德系西门塔尔牛场应本着投资少、用料省、占地少、利用率高、经济适用、无污染的原则，同时要有利于生产和防疫。

一、场址选择

牛场应建在水电充足、水质良好、饲料来源方便、交通便利、地势高、地下水位低、排水良好、土质坚实、向阳背风、空气流通、平坦开阔或具有缓坡、远离居民区和交通要道的地方。

二、牛场布局

德系西门塔尔牛场布局既要有利于牛的饲养管理，又要因地制宜，做到统筹兼顾，合理布局。

按德系西门塔尔牛场的管理功能，可将牛场划分为3个小区，即生产区、经营管理区、病牛管理区。

（一）生产区

生产区是德系西门塔尔牛场的核心，包括牛舍、挤奶厅（台）、饲料储存和加工建筑物、人工授精室、粪场等。

（1）牛舍：牛舍应建在场内生产区的中心，以便于管理和缩短运输距离。修筑多栋牛舍，宜采取长轴平行配置，舍间距不小于10 m。修筑数栋牛舍，可并列配置。

（2）挤奶厅（台）：设有通道、出入口、自由门等，主要方便德系西门塔尔牛的进出。挤奶厅（台）常见的有坑道鱼骨式、转盘式，也有管道式。

（3）饲料储存和加工建筑物：包括饲料库、青贮塔（壕）、草垛、饲料加工调制间。

饲料库要位居牛舍中央，以便于取用饲料。

青贮塔（壕）应建在牛舍附近，但又要有效地防止污水渗入。

草垛应位于生产区的下风向，离房舍间隔50 m以上，以利于防火。

饲料加工调制间宜与饲料库相邻，但又要防止噪声对牛产生不良影响。

（4）人工授精室、粪场：人工授精室应临近母牛舍；粪场应远离生产区，设在生产区下风口、较低洼处。

(二)经营管理区

经营管理区是整个牛场的管理部门,负责生产指挥、生产资料供给、产品销售、对外联系、职工生活设施及管理等。经营管理区应与生产区隔离,外来人员只能在经营管理区内活动,不经允许不得进入生产区。

经营管理区应建在地势较高地段,处在牛场的上风口,防止牛场对经营管理区的某些污染。

(三)病牛管理区

病牛管理区包括兽医室、隔离舍等。这些建筑物应建在牛场的最下风口位置,与牛舍保持 300 m 的距离,并在四周设置人工隔离屏障,防止疫病的传播和蔓延,并装备完善的废弃物无公害处理设施。

三、牛舍修筑

修筑德系西门塔尔牛舍应因地制宜、就地取材、经济适用,既要便于管理,又要满足德系西门塔尔牛生长发育的需求。德系西门塔尔牛舍的基础、墙壁、棚顶建筑,按一般简便民用建筑修筑即可。

(一)牛舍类型

半开放牛舍、塑膜暖棚牛舍、封闭牛舍是当今较为普遍应用的牛舍。

1. 半开放牛舍

半开放牛舍三面有墙,向阳一面敞开,有部分顶棚,在敞开一侧设有围栏,水槽、料槽设在栏内,德系西门塔尔牛散养在其中。每舍(群)15～20 头,每头牛占有舍面积 4～5 m^2。这类牛舍造价低,节省劳动力,但冬季防寒效果差。

2. 塑膜暖棚牛舍

塑膜暖棚牛舍其实属于半开放牛舍的一种,是近年来北方寒冷地区推出的一种较保温的半开放牛舍,与一般半开放舍相比,保温效果较好。

塑膜暖棚牛舍三面有墙,向阳一面有半截墙,有 1/3～1/2 的顶棚,向阳的一面在温暖季节露天开放。冬季在露天一面用竹片、钢筋等材料做支架,上覆单层或双层塑料,两层膜间留有间隙,使舍内呈封闭状态,借助太阳能和牛体自身散发的热量,使牛舍温度升高,防止热量散失。

修筑塑膜暖棚牛舍要注意以下几方面问题:一是,选择合适的朝向。塑膜暖棚牛舍需坐北朝南,南偏东或西角度最多不要超过 15°,舍南至少 10 m 以内应无高大建筑物或树木遮蔽;二是,选择合适的塑料薄膜。应选择对太阳光透过率较高,而对地面长波辐射透过率较低的聚氯乙烯等塑膜,其厚度以 80～100 μm 为宜;三是,合理设置通风换气口。棚舍的进气口应设在南墙,其距地面高度以略高于牛体高为宜,排气口应设在棚舍顶部的背风面,上设防风帽,排气口的面积以 20 cm×20 cm 为宜,进气口的面积是排气口面积的一半,每隔3 m远设置一个排气口;四是,有适宜的棚舍入射角。棚舍的入射角应大于或等于当地冬至时的太阳高度角;五是,注意塑膜坡度的设置。塑膜与地面的夹角应以 55°～65°为宜。

3. 封闭牛舍

封闭牛舍四面有墙和窗户，顶棚全部覆盖，分为单列封闭舍和双列封闭舍。

(1)单列封闭牛舍：只有一排牛床，舍宽 6.0 m，高 2.6～2.8 m，舍顶可修成平顶，也可修成起脊形顶。这种牛舍跨度小、易建造、通风好，但散热面积相对较大。单列封闭牛舍适用于小型德系西门塔尔牛场。

(2)双列封闭牛舍：舍内设有两排牛床，两排牛床多采取头对头式饲养，中央为通道。舍宽 12.0 m，高 2.7～2.9 m，为脊形棚顶。双列封闭牛舍适用于规模较大的德系西门塔尔牛场，以每栋舍饲养 100 头牛为宜。

(二)舍内设备

(1)牛床：牛床是牛吃料和休息的地方。牛床的长度依牛体大小而异。一般的牛床设计是使牛前躯靠近料槽后壁，后肢接近牛床边缘，粪便能直接落入粪沟内即可。成年母牛床长 1.8～2.0 m、宽 1.1～1.3 m；种公牛床长 2.0～2.2 m、宽 1.3～1.5 m；肥育牛床长 1.9～2.1 m、宽 1.2～1.3 m；6 月龄以上育成牛床长 1.7～1.8 m、宽 1.0～1.2 m。

牛床应高出地面 5 cm，以 1°的坡度为宜，以利于冲刷和保持干燥。牛床最好以三合土为地面，既保温又护蹄。

(2)饲槽：饲槽建成固定式的、活动式的均可。水泥槽、铁槽、木槽均可用作饲槽。饲槽长度与牛床宽相同，上口宽 60～70 cm，下底宽 35～45 cm，近牛侧槽高 40～50 cm，远牛侧槽高 70～80 cm，底呈弧形，在饲槽后设栏杆，以用于拴牛。

(3)粪沟：牛床与通道间设有排粪沟，沟宽 35～40 cm，深 10～15 cm，沟底呈一定坡度，以便污水流淌。

(4)清粪通道：清粪通道也是牛进出的通道，多修成水泥路面，路面应有一定坡度，并刻上线条防滑。清粪通道宽 1.5～2.0 m。牛栏两端也留有清粪通道。

(5)饲料通道：在饲槽前设置饲料通道。通道以高出地面 10 cm 为宜，一般宽 1.5～2.0 m。

(6)牛舍的门：德系西门塔尔牛舍通常在舍两端，即正对中央饲料通道设 2 个侧门，较长牛舍在纵墙背风、向阳侧也设门，以便于人、牛出入。门应做成双推门，不设槛，其大小以(2.0～2.2) m×(2.0～2.2) m 为宜。

(7)运动场：饲养种牛、犊牛的舍，应设运动场。运动场多设在两舍间的空余地带，四周用栅栏围起，将牛拴系或散放在其内。每头牛应占面积为：成牛 15～20 m^2、育成牛 10～15 m^2、犊牛 5～10 m^2。

运动场的地面以三合土为宜。在运动场内设置补饲槽和水槽。补饲槽和水槽应设置在运动场的一侧，其数量要充足，布局要合理，以免牛争食、争饮、顶撞。

四、环境控制与环境保护

(一)环境控制

环境指作用于动物机体的一切外部因素，也就是与德系西门塔尔牛生活、生产有关的一切外部条件，主要包括温度、光照、声音、土壤、地形、空间、空气、水、微生物等。

德系西门塔尔牛生活于一定的环境条件中，外界环境条件必然对德系西门塔尔牛的健康和生产性能产生影响。外界环境对德系西门塔尔牛的影响体现在两方面，即有利的环境条件可促进德系西门塔尔牛的健康，提高生产性能；有害的环境条件可损害德系西门塔尔牛的身体健康，降低生产性能。我们应该了解德系西门塔尔牛的生理特性，为德系西门塔尔牛提供有利的生产生活环境，尽量避免和消除不利的生产生活环境，使其始终处于良好的健康状态，发挥高的生产性能，以获得最大的经济效益。

1. 对环境的基本要求

(1)环境温度：德系西门塔尔牛舍内适宜温度和最高、最低温度如表 12-1 所示。

表 12-1　　德系西门塔尔牛舍内适宜温度和最高、最低温度

类别	适宜温度(℃)	最低温度(℃)	最高温度(℃)
成母牛舍	9～17	2～6	25～27
犊牛舍	6～8	4	25～27
产房	15	10～12	25～27
哺乳犊牛舍	12～15	3～6	25～27

(2)环境湿度：牛舍内的空气湿度为 55%～85%时，对德系西门塔尔牛的影响不大，但高于 90%则危害甚大。因此，德系西门塔尔牛舍内湿度不宜超过 85%。

(3)空气质量：空气质量的实质是有毒有害气体的浓度与含量。

牛舍中的有害气体主要来自牛的呼吸、排泄和生产中有机物的分解。有害气体主要为氨、二氧化碳、一氧化碳和硫化氢等。

牛舍中氨的浓度应低于 50 g/m^3，一氧化碳的浓度应低于 0.8 g/m^3，硫化氢气体的浓度最大允许量不应超过 10 g/m^3，

2. 环境管理

(1)牛舍保持冬暖夏凉，空气清新，地面清洁干燥。在寒冷季节要合理通风换气，避免水汽和有毒有害气体在舍内积聚。

(2)运动场保持清洁干燥，绝不能积水。及时清除粪便，填平坑洞。

(3)保持整个场区排水良好，整洁干净。搞好绿化，消灭蚊蝇及其滋生条件。

(4)尽量降低场内机械和人为噪声，保持牛场环境安静。

(5)场内所有牛能够接触到的建筑与设施避免有锋利的尖角，以免给牛造成外伤。

(6)及时清理场内废弃杂物，绝对避免牛食入铁钉、铁丝、塑料布(薄膜)等异物。

(二) 环境保护

养殖德系西门塔尔牛除了要创造有利于生产、生活的环境，还要注意保护周围的环境，避免由于养殖给周围的环境造成污染。实际上，德系西门塔尔牛养殖的环境控制措施在很大程度上也是环境保护的措施，环境保护也为环境控制创造了必要条件，可进一步促进德系西门塔尔牛的生产。

在德系西门塔尔牛养殖中，应采取如下主要环境保护措施：

(1)在选择德系西门塔尔牛养殖地点时，应考虑对环境的影响。因而，德系西门塔尔牛养殖地点应远离饮用水源，距村庄和居民区的距离至少在 500 m 以上，并处于下风口。

(2)根据实际情况与条件，采用切实可行的、科学有效的方法，及时处理德系西门塔尔牛的粪尿排泄物和生产中产生的废弃物，做无害化处理，然后合理利用。避免由粪尿产生的臭味、有毒有害物质、微生物等污染空气、水源、土壤，对人类或其他动植物构成危害。

(3)在生产中尽量减少废弃物的产生，做到清洁生产。

(4)科学配制日粮，尽量减少和避免粪便中残存的氮、磷、铜、锌等物质对土壤可能造成的危害。

(5)搞好环境卫生，尽量减少和避免牛场产生的异味、蚊蝇等对周围环境的污染。

(6)在生产中尽量降低机械、牛只、人员所产生的噪声、粉尘等对周围环境的污染。

(7)采取积极的疫病防治措施，避免人畜共患病对生产人员和周围居民可能构成的威胁。

第十三章　德系西门塔尔牛主要疾病的预防与治疗

第一节　常见传染病的预防免疫接种

对于规模化德系西门塔尔牛场，应有计划地给健康牛群进行预防接种，这可以有效地抵抗相应的传染病侵害。为使预防接种取得预期的效果，必须掌握本地区传染病的种类及其发生季节、流行规律，了解牛群的生产、饲养、管理和流动情况，以便根据需要制订相应的防疫计划，适时地进行预防接种。此外，在引入或输出牛群、施行外科手术之前，在发生复杂创伤之后，应进行临时性预防注射。对疫区内尚未发病的动物，必要时可做紧急预防接种，但要注意观察，及时发现被激化的病牛。通常的免疫如下：

（1）口蹄疫免疫：在可能流行口蹄疫的地区，每年春、秋两季各用同型的口蹄疫弱毒苗接种 1 次，肌内或皮下注射，1～2 岁牛只 1 mL，2 岁以上牛只 2 mL。注射后 14 天产生免疫力，免疫期 4～6 个月。本疫苗残余毒力较强，能引起一些幼牛发病，因此，1 岁以下的小牛不要接种。

（2）牛痘免疫：牛痘常发地区，每年冬季给断奶后的犊牛接种牛痘苗 1 次，皮下注射 0.2～0.3 mL，免疫期 1 年。

（3）伪狂犬病免疫：疫区内的牛每年秋季接种牛羊伪狂犬病氢氧化铝甲醛苗 1 次，颈部皮下注射，成年牛 10 mL，犊牛 8 mL，必要时 6～7 天后加强注射 1 次，免疫期 1 年。

（4）牛瘟免疫：用于受牛瘟威胁地区的牛。牛瘟疫苗有多种，我国普遍使用的是牛瘟绵羊化兔化弱毒苗，适用于朝鲜牛和牦牛以外所有品种的牛。本苗按制造和检验规程应就地制造使用。以制苗兔血液或淋巴、脾脏组织制备的湿苗（1/100），无论大小牛一律肌内注射 2 mL，冻干苗按瓶签规定的方法使用。接种后 14 天产生免疫力，免疫期 1 年以上。

（5）炭疽免疫：经常发生炭疽或受威胁地区，每年春季应接种炭疽菌苗预防 1 次。炭疽菌苗有 3 种，使用时可任选 1 种。

无毒炭疽芽孢苗：1 岁以上的牛只皮下注射 1 mL，1 岁以下的牛只 0.5 mL。

第二号炭疽芽孢苗；大小牛一律皮下注射 1 mL。

炭疽芽孢氢氧化铝佐剂苗，或称“浓缩芽孢苗”：为前两种芽孢苗的10倍浓缩制品，使用时以1份浓缩苗加9份20%的氢氧化铝胶稀释后，按无毒炭疽芽孢苗或第二号炭疽芽孢苗的用法、用量使用。

以上各苗均在接种后14天产生免疫力，免疫期1年。

(6)气肿疽免疫：近3年内曾发生过气肿疽的地区的牛，每年春季接种气肿疽明矾菌苗1次，大小牛一律皮下接种5 mL。小牛长到6个月时，加强免疫1次。接种后14天产生免疫力，免疫期6个月。

(7)肉毒梭菌中毒症免疫：常发生该病的地区，应每年在发病季节前使用同型毒素的肉毒梭菌苗预防接种1次，如C型菌苗，皮下注射10 mL，免疫期1年。

(8)破伤风免疫：常发生破伤风的地区，应每年定期接种精制破伤风抗毒素1次，大牛1 mL，小牛0.5 mL，皮下注射。接种后1个月产生免疫力，免疫期1年。当发生创伤或手术时，可临时再接种1次。

(9)牛巴氏杆菌病免疫：历年发生牛巴氏杆菌病的地区，在春季或秋季定期预防接种1次；在长途运输前随时加强免疫1次。我国当前使用的是牛出血性败血病氢氧化铝菌苗，体重在100 kg以下的牛只4 mL，100 kg以上的牛只6 mL，均皮下或肌内注射，接种后21天产生免疫力，免疫期9个月。怀孕后期的牛只不宜使用。

(10)布氏杆菌病免疫：在布氏杆菌病常发生的地区，每年定期对检疫为阳性的牛只进行预防接种。我国现有3种菌苗。第一种是流产布氏杆菌19号弱毒苗，只用于处女犊牛，即6～8月龄时免疫1次，必要时在怀孕前加强免疫1次，每次颈部皮下注射5 mL(含600亿～800亿活菌)，免疫期可达7年。第二种是布氏杆菌羊型5号冻干弱毒苗，用于3～8月龄的犊牛，可皮下注射(用菌500亿/头)，也可气雾吸入(室内气雾时用菌250亿/头，室外用菌400亿/头)，免疫期1年。以上两种菌苗，公牛、成年母牛和孕牛均不宜使用。第三种是布氏杆菌猪形2号冻干弱毒苗，公牛、母牛均可使用，孕牛不宜注射，以免引起流产，可供皮下注射、气雾吸入和口服接种，皮下注射和口服时用菌为500亿/头，室内气雾吸入为250亿/头。免疫期2年以上，因此，每隔1年免疫1次，达到国家规定的“消灭区”指标时停止免疫接种。

(11)牛传染性胸膜肺炎免疫：疫区和受威胁地区，应每年定期接种牛肺疫化弱毒苗。接种时按瓶签标明的原胸水量，用20%的氢氧化铝生理盐水稀释50倍，臀部肌内注射，成年牛2 mL，6～12月龄小牛1 mL。注射后出现反应者可用“914”(新砷凡纳明)治疗。接种后21～28天产生免疫力，免疫期1年。

第二节　常见传染病的预防与治疗

一、布氏杆菌病

布氏杆菌病是由布氏杆菌引起的一种人兽共患疾病。在家畜中，牛、羊最易发生，而且极易使接触病牛、羊的人发生布氏杆菌病，遭受疾病的痛苦折磨。在临床上，虽然猪等其他家畜也可感染发病，但是与牛、羊相比却轻得多。

（一）流行特点

母牛较公牛易感染，犊牛对本病具有抵抗力。随着年龄的增长，牛的抵抗力逐渐减弱，性成熟后，对本病最为敏感。病畜可成为本病的主要传染源。易感牛主要是因摄入了被布氏杆菌污染的饲料和饮水而感染，也可通过皮肤创伤感染。布氏杆菌进入牛体后，很快在所适应的组织或脏器中定居下来。病牛将终生带菌，不能治愈，并且不定期地随乳汁、精液、脓汁，特别是母畜流产的胎儿、胎衣、羊水、子宫和阴道分泌物等排出体外，扩大感染。人主要是由于手部接触到病菌后再经口腔进入体内而引起感染。近年来，由于市场经济活跃，牛、羊买卖频繁，使牛、羊布氏杆菌病的发生出现了明显的上升趋势，而且人患此病的数量也在不断增加。目前，此病已成为最重要的人畜共患病。

（二）临床症状

牛感染布氏杆菌后，潜伏期通常为 2 周至 6 个月。主要临床症状为母牛流产，也会出现低烧，但常被忽视。妊娠母牛在任何时期都可能发生流产，但主要发生在妊娠后的第 6～8 个月。流产过的母牛如果再次发生流产，其流产时间会向后推迟。流产前可表现出临产时的症状，如阴唇、乳房肿大等。但在阴道黏膜上可以见到粟粒大的红色结节，并且从阴道内流出灰白色或灰色黏性分泌物。流产时常见有胎衣不下。流产的胎儿有的产前已死亡；有的产出时虽然活着，但很衰弱，不久即死亡。公牛患本病后，主要发生睾丸炎和附睾炎。初期睾丸肿胀、疼痛，中度发热和食欲缺乏。3 周以后，疼痛逐渐减轻，表现为睾丸、附睾肿大，触之坚硬。此外，病牛还可出现关节炎，严重时关节肿胀疼痛，重病牛卧地不起。牛流产 1～2 次后，可以转为正常产，但仍然能传播本病。

（三）剖检变化

妊娠母牛子宫与胎膜的病变较为严重。绒毛膜因充血而呈污红色或紫红色，表面覆盖黄色坏死物和污灰色脓汁。常见到深浅不一的糜烂面。胎膜水肿、肥厚，呈黄色胶冻样浸润。由于母体胎盘与胎儿胎盘炎性坏死，引起流产。胎儿胎盘与母体胎盘粘连，导致胎衣不下，可继发子宫炎。胎儿真胃内含有微黄色或白色黏液及絮状物；胃肠、膀胱黏膜和浆膜上有的有出血点；肝、脾、淋巴结有不同程度的肿胀。

（四）诊断

本病在临床上不易诊断，但是根据母牛流产和表现出的相应临床变化，应该怀疑有本病的存在。本病必须通过实验室检查。

在本病诊断中，应用较广的是试管凝集试验和平板凝集试验，尤其是后者。由于其方法简便、需要设备少、敏感度高、易于操作，常被基层兽医站和饲养场兽医室广泛采用。但是凝集试验并不能检出所有患病牲畜，而且可能出现非特异性凝集反应，影响结果的判定。补体结合反应具有高度异性，但操作较为复杂，基层兽医站通常难以承担。所以，对本病的诊断程序应按如下进行：根据临床变化，疑似本病存在时，应立即采血，分离血清，进行血清凝集试验。阳性病牛血清和疑似病牛血清，迅速送至上级兽医部门做补体结合反应，进行最后确诊。

（五）防治

因本病在临床上，一方面难以治愈，另一方面不允许治疗，所以发现病牛后，应采取严格的捕杀措施，彻底销毁病牛尸体及其污染物。农业部已制订出全国布氏菌病的“九五”期间防制规划，采取免疫、检疫、淘汰病畜的综合防治措施。在本病的控制区和稳定控制区内，停止注射疫苗；对易感家畜实行定期疫情监测，及时扑杀病畜。在未控制区内，主要以免疫为主，定期抽检，发现阳性畜时全部捕杀。在疫区内，如果出现疫情暴发，疫点内畜群必须全部进行检疫，阳性病畜亦要全部捕杀，不进行免疫，阴性家畜与受威胁畜群应全部免疫。德系西门塔尔牛、种牛每年要全部检疫，其产品必须具有布病检疫合格证后方可出售。牛只可口服猪型布病 2 号苗(S_2)，免疫率达 90%以上，种用、奶用牛不免疫，定期检疫、淘汰阳性牛。

（六）净化办法

普通黄牛 S_2 苗免疫密度必须在 90%以上；奶用、种用牛只检不免，阳性牛淘汰。未经免疫的 8 月龄以上普通牛，全部采血检疫，阳性牛淘汰，阴性牛免疫。

二、口蹄疫

口蹄疫是由口蹄疫病毒引起的急性、热性、接触性传染病，主要感染猪、牛、羊、骆驼、鹿等家畜和其他野生偶蹄动物。此病的危害极大，国际兽疫局(OIE)将此病列为 A 类动物疫病之首，是世界范围内重点控制的动物疫病。

口蹄疫的预防控制分 4 步。

第一，疫苗选择。免疫所用疫苗必须经农业部批准，由省级动物防疫部门统一供应；疫苗要在 2 ℃～8 ℃下避光保存和运输，严防冻结，并要求包装完好，防止瓶体破裂；途中避免日光直射和高温，尽量减少途中的停留时间。

第二，免疫接种。免疫接种要求由兽医技术人员具体操作(包括饲养场的兽医)。接种前要了解被接种动物的品种、健康状况、病史及免疫史，并登记造册。免疫接种所使用的注射器、针头要进行灭菌处理，一畜一换针头。凡患病、瘦弱、临产母畜不应接种，待病畜康复或母畜分娩后，仔畜达到免疫日龄再按时补免。

第三，免疫程序。散养畜每年两次集中免疫(5 月、11 月)，坚持月月补针，免疫率必须达到 100%。母牛分娩前 2 个月接种 1 次；犊牛 4 月龄首免，6 个月后二免，以后每 6 个月免疫 1 次。如供港或调往外省的牛，出场前 4 周加强免疫 1 次。外购易感动物，48 小时内必须免疫(20～30 天后加强免疫)。

第四，消毒。饲养场必须建立严格的消毒制度。场门、生产区的门口要设置宽同大门、长为机动车车轮一周半的消毒池，池内的消毒药为 2%～3%的氢氧化钠，消毒池内消毒药定期更换，保持其有效浓度。畜舍地面，选择高效低毒的次氯酸钠消毒药每周消毒 1 次，周围环境每 2 周进行 1 次。发生疫情时可选用 2%～3%的氢氧化钠消毒，早晚各 1 次。

三、焦虫病

焦虫病是由双芽焦虫、巴贝西焦虫和泰勒焦虫引起的，病原体为多种无色素的血孢子虫，通常寄生于红细胞内。焦虫病是一种传播病，但不能接触感染，必须通过适宜的蜱来传播。一种焦虫多由一定种属的蜱来传播。也就是说，某一地区存在某种蜱，就预示着可能会有某种焦虫存在。蜱的种类和分布是有明显的地区性和季节性的，所以，焦虫病的存在和发生也有地区性和季节性。

（一）流行特点

本病有明显的季节性，常呈地方性流行，多发于夏、秋季节和蜱类活跃地区。由双芽焦虫致发本病的1岁龄小牛发病率较高，症状轻微，死亡率低；成年牛与其相反，死亡率较高。由巴贝西焦虫致发本病的3月龄至1岁龄内小牛病情较重，死亡率较高，成年牛死亡率较低。良种德系西门塔尔牛易发本病。

（二）临床症状

病牛病情迅速恶化，高热，反刍停止，精神沉郁，脉搏增数，呼吸困难，有的有血尿。

（三）剖检变化

病牛体表淋巴结肿大，可视黏膜黄染，皮下结缔组织发黄，水肿，血凝不全，膀胱内积有血色尿液。

（四）诊断

根据病牛的临床症状、剖检变化、流行特点、蜱类特征，可以做出初步诊断。确诊需采病牛耳尖血涂片，进行奶姬氏镜检，在红细胞内寻找特征性虫体。

（五）防治

焦虫病疫苗尚处于研制阶段，病牛仍以药物治疗为主。

（1）三氮脒又称“坝尼尔”或“血虫净”，是治疗焦虫病的高效物。临用时，用注射用水配成5%的溶液，做分点深层肌内注射或皮下注射。一般病例每千克体重注射3.5～3.8 mg。对顽固的牛环形泰勒焦虫病等重症病例，每千克体重应注射7 mg。黄牛按治疗量给药后，可能出现轻微的副反应，如起卧不安、肌肉震颤等，但会很快消失。

（2）灭焦敏：对牛泰勒焦虫病有特效，对其他焦虫病也有效，治愈率达90%～100%。灭焦敏是目前国内外治疗焦虫病最好的药物，主要成分是磷酸氯喹和磷酸伯氨喹。片剂：牛每10～15 kg体重服1片，每日1次，连服3～4日。针剂：牛每次每千克体重肌注0.05～0.1 mL，剂量大时可分点注射。每日或隔日1次，共注射3～4次。对重病牛还应同时进行强心、解热、补液等对症疗法，以提高治愈率。

四、牛皮蝇蛆病

牛皮蝇蛆病是由寄生于牛背部皮下组织内的南牛皮蝇和纹皮蝇的幼虫所引起的一种慢性寄生虫病。本病在我国北方地区流行甚广，危害严重。皮蝇幼虫的寄生，可使患牛消瘦，皮革的质量降低，幼畜发育受阻。

（一）病原及流行特点

两类皮蝇的成虫形态相似，长为13～15 mm，体表密生绒毛，呈黄绿色至深棕色。纹皮蝇出现的时节比牛皮蝇早。纹皮蝇一般在每年的4～6月出现，而牛皮蝇通常在6～8月出现。牛只的感染多发生于炎热夏季、成蝇飞翔的季节里。成蝇交配后，雄蝇死亡，雌蝇在晴朗无风的天气里在牛体皮薄处的被毛上产卵，产卵后雌蝇死亡。蝇卵经4～7天孵出第一期幼虫，爬到毛根部钻进皮肤内。幼虫在皮下组织内经过长时间的移行和发育，最后到达背部皮下。纹皮蝇的幼虫在移行过程中，还要经过食道。在次年的早春季节，发育成第三期幼虫。第三期幼虫在背部皮下停留 2～2.5 个月，幼虫成熟后，由皮肤内钻出落地变成蛹，经 1～2 个月，蛹再孵化为成虫。

（二）诊断

雌蝇在牛体产卵时，会扰乱牛只。牛只表现出不安、喷鼻、蹴踢、狂奔。幼虫在皮下组织内移行时，能引起牛只的瘙痒、疼痛不安。幼虫出现在背部皮下时易于诊断。最初在牛只的背部皮肤上可以摸到长圆形的硬节，再经一个多月，即出现肿瘤状的隆起。在隆起的皮肤处可见到小孔，小孔的周围堆集着干涸的脓痂，并能从皮肤穿孔处挤出幼虫。另外，剖检时也可在食道壁和皮下发现幼虫。根据以上特点，在临床上不难对本病做出诊断。

防治措施有 4 条。

（三）防治

（1）经常检查牛背，发现皮下有成熟的疣肿时，用针刺死幼虫，或挤排出幼虫，涂以碘酊。

（2）皮下注射 50％的乐果酒精溶液，大牛 5 mL，小牛及中等牛 2～3 mL。

（3）皮蝇磷：牛每千克体重内服 100 mg。

（4）在牛背部涂以 2％的敌百虫（美曲膦酯）水溶液 300 mL，每次 2～3 分钟，24 小时后，大部分幼虫可软化致死，5～6 天后瘤状隆起显著缩小。涂 1 次，杀虫率可达 90％～95％。亦可在牛背患部的小孔处涂上本药。涂之前先清除小孔附近的干涸脓痂，露出皮孔，使药液易接触到虫体。涂 1 次即可使大部分幼虫软化致死。

在本病流行地区，每逢皮蝇活动季节，可以间隔 20 天对牛体用药喷洒 1 次，共 3～4 次，即可达到全面防治的目的。

五、酮病

本病又称“酮血病”“酮尿病”或“醋酮血病”。本病遍及世界各国，尤其多发生在高产乳牛以及饲养管理水平低劣的牛群。产后 2 个月内，尤其是产后 3 周内和 3～6 胎次的发病比率最高，冬季比夏季发病率高。青年牛极少发生原发性典型的酮病。本病是危害乳牛业的重要疾病。

（一）症状

亚临床酮病仅见血酮升高和低血糖现象（部分血糖仍在正常范围内），缺乏明显的临床症状，或仅乳产量有所下降，达不到泌乳曲线预期的高度，食欲轻度下降，进行性消瘦是其很重要的特征，一直到体质很弱、相当消瘦时，乳产量才开始明显下降，尿检酮体定性反应为阳性或弱阳性。

酮病一般分为消化型、神经型和瘫痪型（或麻痹型）3 种类型。

（1）消化型：体温正常或略低于正常，呼吸浅表（酸中毒），心音亢盛，呼出气、尿和乳有臭味，精神沉郁，明显迅速地消瘦，步态蹒跚无力，泌乳急剧减少。初期轻度便秘，后期多数排恶臭的稀便。肝脏叩诊浊音界扩大，有诊断意义的肝脏叩诊浊音界扩大是位于体右侧背最长肌外侧缘和 10～12 肋骨之间，牛酮病肝脏变肿大，其浊音界扩大可达到甚至超过第 13 肋骨，并且敏感、疼痛。

（2）神经型：除了患有程度不等的消化型主要症状，还有神经症状，兴奋不安，吼叫，空嚼，频繁地转动舌头，无目的地转圈运动和异常步样，头顶撞墙、柱、食槽，部分牛丧失视力，感觉过敏，躯体肌肉和眼球震颤，兴奋和沉郁交替发作。

(3)瘫痪型(麻痹型)：除许多症状和生产瘫痪相似，还显出上述酮病的一些主要症状，如食欲缺乏或拒食，前胃弛缓等消化型症状，以及对刺激过敏、肌肉震颤、痉挛，泌乳量急剧下降等。本类型多数情况是生产瘫痪和酮病同时并发。这种情况下，仅用钙制剂和乳房送风治疗收效甚微。

以上3种类型中，以消化型比率最高。

(二)诊断

分娩前虽然也可发病，但大多数是发生在产后进入大量泌乳时，牛体消瘦，泌乳量显著减少，出现缺乏食欲、前胃弛缓等消化道以及神经症状，肝脏叩诊浊音界扩大、敏感，配合尿酮定性检验为阳性反应，即可做出诊断，如能深入定量检验血酮、血糖含量，更能说明酮病的严重程度。

产后乳牛进行性消瘦，虽然仍保持一定的食欲和泌乳量，应注意慢性亚临床酮病的可能，可通过检测尿酮加以鉴别。

各种疾病引起乳牛食欲减退或废绝，为了维持正常活动和泌乳，动员体内脂肪和蛋白质降解，常诱发继发性酮病。因此，应注意鉴别是原发性或是继发性酮病。常见的如创伤性网胃-横膈炎、肾盂肾炎，重型经过的前胃疾病如迷走神经性消化不良症、子宫疾病、皱胃变位、食滞等，应根据各种原发病的症状鉴别诊断。

(三)治疗

(1)补糖或糖源性物质：40%～50%的高渗葡萄糖500～1000 mL静注，每天3～4次。采用长时间静脉滴注最优。丙酸钠110～225 g等分2次加水投服。丙二醇或甘油225 g加水投服，每天2次，连服2天后剂量酌减。乳酸铵或乳酸钠等乳酸盐每天服200 g，连服数日，均有良好的生糖作用。

(2)激素疗法：糖皮质激素类药物，如醋酸可的松、氢化可的松、泼尼松、地塞米松等促肾上腺皮质激素对本病有良好的效果。静注葡萄糖液时，适当地应用小剂量的胰岛素，促进葡萄糖的利用。

(3)缓解机体：由于体内蓄积羟丁酸、乙酰乙酸等有机酸，以及患病过程产生的其他酸性代谢废物的存积，引起机体酸中毒，加重病情。5%的碳酸氢钠溶液静脉注射，其用量可通过血浆二氧化碳结合力测定或血浆碳酸氢根滴定等，经过计算决定补充碳酸氢钠的用量。乳酸钠也是一种常用的纠正酸中毒的药物。

(四)预防

妊娠后期母牛不宜过肥，尤其是干乳期，应酌情减少精饲料。为了使产后适应大量泌乳，应充分地摄取糖和蛋白质等营养物质，临产前应及时调整好前胃的消化机能，包括瘤胃微生物适应产后增加的高能量饲料。在临产前3～4周，逐渐添加精饲料，以便产后能适应精饲料随泌乳量的增加而增添。日粮蛋白质含量不宜过高，一般不超过16%；颗粒性粮食饲料如玉米、燕麦等应粉碎，以利于消化吸收；不饲喂潮湿、发酵的品质低劣的干草，品质不良的青贮料中酸的含量过高，易诱发酮病；突然改变饲料成分等，都可促进酮病的发生。饲料应含有充足的各种维生素和微量元素。舍饲母牛每晨必须有一定的运动。

饲料添加少量脂肪，如添加3%～4%的脂肪、海产品脂肪或5%的水解混合脂肪，以增加热能，防止蛋白质在瘤胃内降解，改善牛乳生产。脂肪超过5%时，通常可降低牛的正常机能。

六、新生犊牛下痢

犊牛下痢是一种发病率高、病因复杂、难以治愈、死亡率高的疾病。临床上主要表现为伴有腹泻症状的胃肠炎，全身中毒和机体脱水。研究表明，轮状病毒和冠状病毒在生后初期的犊牛腹泻发生中，起到了极为重要的作用，病毒可能是最初的致病因子。虽然它并不能直接引起犊牛死亡，但这两种病毒的存在，能使犊牛肠道功能减退，极易继发细菌感染，尤其是致病性大肠杆菌，引起严重的腹泻。另外，母乳过浓、气温突变、饲养管理失误、卫生条件差等，对本病的发生都具有明显的促进作用。犊牛下痢多发于集约化饲养的犊牛群中。

（一）临床症状

本病多发于生后第2～5天的犊牛。病程2～3天，呈急性经过。病犊牛突然表现出精神沉郁，食欲废绝，体温高达39.5 ℃～40.5 ℃。病后不久，即排灰白、黄白色水样或粥样稀便，粪中混有未消化的凝乳块。后期粪便中含有黏液、血液、伪膜等，粪色由灰色变为褐色或血样，具有酸臭或恶臭气味，尾根和肛门周围被稀粪污染，尿量减少。约1天后，病犊背腰拱起，肛门外翻，常见里急后重，张口伸舌，哞叫，病程后期牛常因脱水衰竭而死。本病可分为败血型、肠毒血型和肠型。

（1）败血型：主要见于7日龄内未吃过初乳的犊牛，为致病菌由肠道进入血液而致发，常见突然死亡。

（2）肠毒血型：主要见于生后7日龄吃过初乳的犊牛，致病性大肠杆菌在肠道内大量增殖并产生肠毒素，肠毒素被吸收入血所致。

（3）肠型（白痢）：最为常发，见于7～10日龄吃过初乳的犊牛。

（二）病理变化

病死犊牛由于腹泻而使机体脱水消瘦。病变主要在消化道，呈现严重的卡他性、出血性炎症。肠系膜淋巴结肿大，有的还可见到脾大，肝脏与肾脏被膜下出血，心内膜有点状出血。肠内容物如血水样，混有气泡。

（三）诊断

根据流行病学特点、临床症状和剖检变化，对本病可做出初步诊断，确诊还需要进行细菌分离和鉴定。细菌分离所用材料，生前可取病犊粪便，死后可取肠系膜淋巴结、肝脏、脾脏及肠内容物。应当注意，健康犊牛肠道内也有大肠杆菌，而且病犊死后大肠杆菌又易侵入到组织中，所以分离到细菌后，必须先鉴定出血清型，再进行综合判断。

（四）防治

治疗本病时，最好通过药敏试验，选出敏感药物后，再行给药。

临床上常选用下列药物治疗本病：

（1）诺氟沙星：犊牛每头每次内服10片，即2.5 g，每日2～3次。

（2）氯霉素：每千克体重0.01～0.03 g，每天注射3次，也可用庆大霉素、氨苄西林等。

抗菌治疗的同时，还应配合补液，以强心和纠正酸中毒。

(1)口服ORS液(氯化钠3.5 g、氯化钾1.5 g、碳酸氢钠2.5 g、葡萄糖20 g，加常水至1000 mL)：供犊牛自由饮用，或按每千克体重100 mL，每天分3～4次给犊牛灌服，即可迅速补充体液，同时能起到清理肠道的作用。

(2)6%的低分子右旋糖酐、生理盐水、5%的葡萄糖、5%的碳酸氢钠各250 mL，氢化可的松100 mg，维生素C 10 mL，混溶后，一次性静脉注射。轻症每天补液1次，重危症每天补液2次。补液速度以30～40 mL/min为宜。危重病犊牛也可输全血，可任选供血牛，但以该病犊母牛的血液最好。输血方法为2.5%的枸橼酸钠50 mL与全血450 mL，混合后一次性静脉注射。

(五)预防

对于刚出生的犊牛，可以尽早投服预防剂量的抗生素药物，如氯霉素、痢菌净等，对于防止本病的发生具有一定的效果。另外，可以给怀孕期的母牛注射用当地流行的致病性大肠杆菌株所制成的菌苗。在本病发生严重的地区，应考虑给妊娠母牛注射轮状病毒和冠状病毒疫苗。如江苏省农业科学院研制的牛轮状病毒疫苗，给怀孕母牛接种以后，能有效控制犊牛下痢症状的发生。

七、氟乙酰胺中毒

氟乙酰胺为有机氟内吸性杀虫剂，亦称“敌蚜胺”，为白色针状结晶，无味、无臭，易溶于水，有吸湿性，不易挥发，其水溶液无色透明。本药作为农药被广泛使用，常污染饲草；常被作为鼠药应用，易混入饲料被牛误食。也有人将其用于投毒，致使近年来的牛氟乙酰胺中毒呈急剧的上升趋势。

氟乙酰胺属神经性毒物，其特点是不易挥发，也不溶于脂类物质中，所以不易经呼吸道和皮肤表面进入体内，只能经消化道引起牛的中毒。

(一)临床症状

病牛因采食量不同，所表现临床症状的严重程度也不同。常分为急性中毒和慢性中毒。牛只对氟乙酰胺比较敏感，按每千克体重1 mg内服，就能引起急性中毒死亡。

(1)急性中毒：病情通常来势比较快，见不到明显的前驱症状，而是突然表现出精神沉郁。采食同样饲草或饲料的牲畜几乎同时发病。有时，同群的但不同槽的牛只，即使是临近的，也可能不发病，所以既表现出同步发生，又不表现有传染性。体温正常或低于常温是本病的特点。饮水减少，采食降低甚至不食，牛只反刍停止，肘部的肌群震颤，眼结膜潮红。肠音初期高朗，后期减弱，最后消失。心跳加速，节律不齐，走路后躯摇摆，病程可持续2～3天。最急性的9～18小时就可能突然倒地，四肢划动、抽搐、惊厥或角弓反张，有的数分钟内因呼吸抑制、心跳停止而死亡。

(2)慢性中毒：病牛常是因为误食少量氟乙酰胺所致。潜伏期为5～7天。病畜逐渐表现出不愿活动，精神不振，饮食欲减少，反刍停止，多独处一边，行走时落后，喜静。强行驱赶时，走几步后卧地，瞳孔散大或缩小，肘部肌肉震颤。个别患牛排恶臭稀便，常见轻微腹痛。体温正常或偏低，心律不齐，脉搏增速。病情可反复发作，往往在抽搐过程中，因呼吸抑制、循环衰竭而死亡。

（二）剖检变化

胃底和肠黏膜脱落，有明显的出血点和出血斑。血液凝固不良，这是由于氟乙酰胺与血中游离钙结合所致。肝脏肿大，切面湿润多汁。心脏质地变软，在心冠脂肪上可见到散在的出血点，在纵沟和心尖上也可见到多量的弥漫性出血点。心内膜有散在的出血点，瓣膜增厚。脑软膜充血、出血，延脑和脑桥有密集的出血点。肺淤血性水肿、出血。肾淤血、微肿。

（三）诊断

根据病因、临床症状、剖检变化，可以作出初步诊断。确诊可取病死牛的瘤胃内容物，经羟肟酸反应、奈氏试剂反应和显微结晶反应，进行氟乙酰胺定性试验。

（四）治疗

及早排出牛误食进去的含毒饲料是治疗本病的关键，可立即进行洗胃处理。早期可用0.05%的高锰酸钾或淡肥皂水洗胃。如果食入时间较长，应立即采取排泄和利尿的措施，因为此时毒物已大部分吸收入血。可给牛只口服硫酸镁或硫酸钠350～500 g，同时内服药用炭60～100 g，加水5000 mL，以吸附毒物，促其快速排出。也可给病牛投服牛奶、鸡蛋清、绿豆水等。尤其是鸡蛋清，对保护胃肠黏膜、吸附毒素、阻止毒素吸收特别方便适用，效果良好。

然后采取药物解毒，可用乙酰胺（50%的乙酰胺水溶液）。轻度中毒牛只，每天按每千克体重0.1 g肌内注射，首次注药量为全日药量的一半，另一半每隔2小时注射1/4。第二天开始将全日药量分为4份，每4小时肌内注射1次。用药2～3天后，每天减药1/3，连用5～6天。必要时也可连续给药。

最后进行辅助疗法。解毒保肝可用5%～10%的葡萄糖、10%的浓盐水，也可用复方氯化钠静脉注射。纠正酸中毒，可静脉注射5%的碳酸氢钠。强心疗法，对牛只可用25%～50%的葡萄糖100～200 mL，加10%的安那加20～40 mL、5%的维生素C 40～80 mL，静脉注射。出现痉挛抽搐的病畜，可肌注氯丙嗪，腹痛时肌注30%的安乃近等以缓解症状。

八、牛猝死症

牛猝死症是近年来在我国各地普遍发生的一种新的病症，备受人们关注。其特点是发病急，症状不明显，死亡快，常来不及治疗即死亡，对养牛业危害较大。

（一）病因

关于本病的病因，近年来的研究报道较多，众说纷纭，尚无定论，可概括如下：

（1）牛只误食氟乙酰胺污染的饲草或饲料。

（2）牛只感染A型魏氏梭菌致发本病，或本菌与巴氏杆菌、致病性大肠杆菌混合感染致发。

（3）牛只严重缺硒引起的急性死亡。

（二）发病特点

近年来，牛猝死症的发生日趋严重，各品种、各年龄牛，无论是自繁自养，还是外购的均可发生。散放牛较圈养牛多发。青壮年牛发病率高。本病一年四季都能发生，但多见于秋末、春初季节。本病多零星散发，连绵不断，无明显的传染性。

（三）临床症状

牛只常在采食、使役、食后不久或休息时，忽然发病死亡。本病特点是发病急、死亡快。牛只发病时，多是频频鸣叫，惊恐，口吐白色或暗红色泡沫，颈后及胸侧被毛逆立，肩胛及后肢肌肉震颤，体温正常或偏低，突然倒地，四肢划动，1～2 小时内死亡。

（四）剖检变化

胃黏膜脱落，肠内有大量红棕色黏稠液体，肠黏膜脱落，呈弥漫性出血，肠系膜呈树枝状出血。淋巴结肿大，肝、脾和肾肿大、出血，心脏质地变软，心耳有大量出血点，心内、外膜有小点状出血，肺水肿。

（五）诊断与治疗

因牛猝死症发病急、死亡快，常来不及诊断和治疗，或不等兽医人员到场，病牛已经死亡。本病的确诊主要靠死后检查，可以采胃内容物进行毒物分析，也可采集肠管进行细菌学检查等。

（六）预防

对本病应采用综合性预防措施。对氟乙酰胺中毒的常发地区，应加强宣传，防止鼠药污染饲草或饲料。对于缺硒地区，应定期给牛只补饲含硒维生素 E。对以 A 型魏氏梭菌感染为主的地区，可选用多联魏氏梭菌苗，给牛只进行定期免疫。

第五篇　科技篇

第十四章　德系西门塔尔牛在国内的应用研究进展

德系西门塔尔牛是德国育种专家经过130多年的定向选育形成的西门塔尔牛新品系，已达140万头的群体规模，绝大部分都分布在德国的巴伐利亚州。该品系牛以其优越的产奶性能、良好的育肥性能和抗逆性，获得了广大养殖户的青睐。2004年5月，随着德国宝牛育种中心（BVN）在中国北京代表处的设立，该品系开始了在我国内陆地区的推广、试验与应用。

2008年4月，农业部与德国巴伐利亚州农林部签署了关于推广应用德系西门塔尔乳肉兼用牛种遗传物质与相关技术的合作协议，并正式启动了“德系西门塔尔乳肉兼用牛区域试验示范推广项目”，全国设立7个试点项目省区。2012年，随着“中德畜牧业技术创新中心项目”的启动，国内10个示范牧场与德国相关技术公司开展了德系西门塔尔牛遗传物质、饲养管理技术、生产设备及育种软件等多方面的合作示范。

经过多年的推广应用，该品系牛在推动国内肉牛、中低产奶牛改良及西门塔尔牛生产性能提高上都起到了积极的作用，增加了养殖户的综合收益。与此同时，国内诸多学者、专家及行业从业者也围绕德系西门塔尔牛开展了育种体系、种质培育、杂交改良、繁殖性能等诸多方面的研究。

一、德国的育种组织体系研究

育种组织体系是开展畜禽品种培育的基础，也是品种培育成败的关键。在德系西门塔尔牛引进我国开展推广应用之初，国内的有关育种专家就对其表现出了浓厚的兴趣。据有关文献记载，中国农科院北京畜牧兽医研究所研究员许尚忠及其团队成员关注较早，并于2007年4月到德国考察宝牛育种中心及旗下的西门塔尔牛牧场，深入了解了德系西门塔尔牛的育种组织体系建设情况。

德国德系西门塔尔牛的育种组织多是以养殖户（家庭农场）为基础，由联合会、协会、企业及政府共同参与的联合育种组织体系。巴伐利亚州牛培育推广联合会（VFR）是目前德国最大的育种联合组织体系组织，由3个人工授精组织和5家育种协会联合组成，主要任务是协调并规划联合会内部的育种发展方向，针对会员的要求提供及时、有效的服务。此外，由政府资助的独立的生产性能测定机构（LKV）及遗传评定机构（LFL）也参与其中。

政府负责批准育种协会等非政府组织的设立，制订相应法律法规，依法监督人工授精组织的授精站、冻精库、胚胎生产、采集及遗传评定等工作，要求他们与育种组织组成育种联合会，共同协作，以执行育种计划。

育种协会负责本地区的种牛登记、生产性能测定、活牛拍卖等工作。自愿加入会员的养殖户可在相应的技术服务中心享受价格优惠。协会定期组织活畜拍卖活动，并开展相关技术产品的展览展示活动。

人工授精协会（或组织）承担着种公牛培育的任务，并开展种公牛精液采集及后裔测定工作。成绩公布后，通过验证的公牛精液可以批量向养殖户提供。

养殖户是整个育种组织体系的重要参与者与受益者。养殖户在加入育种协会或人工授精组织后，在使用各类组织提供的产品或服务上都享受优惠，如育种协会提供的乳用性能测定、人工授精、胚胎移植、疾病防治及技术培训等多个方面。最主要获益还是通过参加性能测定，逐步提高群体的遗传水平，利用生物技术加快高产群体的个体数量，提高整个群体的生产能力。此外，养殖户还可通过拍卖培育的优秀种公牛获取丰厚的利润。

总之，在政府监督下的育种协会和人工授精协会遵循市场价格杠杆，通过拍卖等形式充分调动养殖户的育种积极性，使养殖户、育种协会和人工授精协会都能在育种过程中获得效益，从而保证育种计划的顺利实施。

二、国内德系西门塔尔牛的培育

德系西门塔尔牛在国内的推广起于2004年德国宝牛北京代表处的设立，但其在国内的培育扩繁主要源于山东省畜牧兽医局与张北华田牧业科技有限公司。2006年，山东省畜牧兽医局与张北华田牧业科技有限公司引进德系西门塔尔牛胚胎100枚，先后在山东高密、河北张北开展移植并获得成功，共获纯种德系西门塔尔公牛27头、母牛19头，并以此为基础，在两地组建了德系西门塔尔牛母牛核心群，开始了德系西门塔尔牛在国内的纯种扩繁与培育。

2008年8月，山东省畜牧兽医局与张北华田牧业科技有限公司共同出资组建山东省种公牛站有限责任公司，开展德系西门塔尔种公牛的饲养及冷冻精液推广。自此以后，张北华田牧业科技有限公司致力于德系西门塔尔牛的纯种繁育，以胚胎移植获得的13头德系西门塔尔母牛为基础，引进德国宝牛育种中心与德国巴伐利亚基因公司的优秀公牛精液开展遗传改良，并与中国农业大学等合作，利用胚胎移植技术开展种群的快速扩繁，同时加强生产性能测定工作，经选育后的纯种母牛进入核心育种群，选育后的优秀种公牛进入山东省种公牛站有限责任公司开展冷冻精液制作与推广，部分种公牛销往国内其他省份。

经过近10年的扩繁与培育，张北华田牧业科技有限公司德系西门塔尔牛核心育种群已达400头，通过遗传改良年产纯种德系西门塔尔牛近200头，种公牛推广到山东、黑龙江、吉林、云南、贵州、河南等省的多个种公牛站与繁育场。山东省种公牛站有限责任公司存栏一级以上德系西门塔尔种公牛达60余头，年产冻精130万剂，主要推广到山东、新疆、安徽、甘肃、青海、内蒙古、吉林、江西、广西、贵州等十几个省、市、自治区，基本形成了国内“繁、育、推”一体化的德系西门塔尔牛培育推广新格局。

近年来，山东省种公牛站有限责任公司与山东省畜牧总站合作，开展奶牛的DHI测定工作。通过该工作的开展，可以掌握德系西门塔尔牛与本地牛或中低产奶牛杂交后代的乳用生产性能，为开展德系西门塔尔种公牛的后裔测定工作奠定了基础。

此外，山东境内的烟台市元化肉牛养殖有限公司也正通过人工授精、胚胎移植等技术开展牛群的改良与扩繁。目前，该场存栏德系西门塔尔牛与本地牛的杂交二代800余头，并逐步进入产犊期，不久的将来，一个新的德系西门塔尔高代杂交群将会形成，将为下一步开展乳肉兼用牛新品系的培育奠定基础，也将为德系西门塔尔牛在山东乃至全国的推广、示范与应用起到重要的推动作用。

三、杂交改良应用研究

德系西门塔尔牛在全国的推广应用从肉牛与中低产奶牛开始，主要以提高其肉用性能与乳用性能为主旨，提高肉牛与中低产奶牛的综合效益。国内众多学者及行业技术人员就其改良效果做了一系列研究式工作。

（一）改良肉牛效果研究

以德系西门塔尔牛为父本改良本地黄牛及西杂牛均取得了良好的应用效果，杂交后代牛的体重增长、体尺测定、乳肉性能均有不同程度的改善。

杨培勤等研究认为，德系西门塔尔牛的杂交一代牛显现出较强的杂种优势，6月龄后生长发育较快，生长指标达到或接近纯种西门塔尔牛。用德系西门塔尔牛改良科尔沁牛，能显著提高杂交后代的生产性能，且具有良好的抗病能力。田春花等的研究表明，德系西门塔尔乳肉兼用牛其后代适应性、抗病性强、耐粗饲，生长发育表现较好，6月龄实验组和对照组在胸围和体重方面差异极显著，12月龄实验组和对照组在体高、体斜长、胸围方面差异极显著，说明12月龄前实验组生长发育比对照组快。两组研究都表明，6月龄之后杂交后代发育快的优势表现得更加明显。

据报道，我国东北、西北地区的德系西门塔尔牛应用实验均取得了良好的效果。其中在东北地区以德系西门塔尔牛为父本改良本地黄牛，其杂交优势明显，生长速度显著加快。杂交一代和二代公牛18月龄体重分别达到427.8 kg和496.2 kg，日增重分别为698.4 g和810.0 g，体重增长速度明显高于黄杂牛的596.9 g。杂交一代和二代18月龄的体高、体斜长、胸围、管围分别为116.9 cm、125.0 cm，155.8 cm、162.0 cm，178.7 cm、188.7 cm，15.8 cm、16.1 cm，均高于黄杂牛。在西北地区的实验表明，杂交一代公牛18月龄体重达到464.2 kg，杂交二代公牛12月龄体重达到403.0 kg，日增重分别为772.4 g和998.9 g，体重增长速度明显高于本地西杂牛的725.4 g。杂交一代18月龄的体高、体斜长、胸围、管围分别为139.7 cm、156.4 cm、187.6 cm、22.6 cm，也高于本地西杂牛。

此外，两个地区的杂交一代18～20月龄产肉性能表现良好，胴体重、净肉率和屠宰率分别为276.77 kg、47.37%和56.87%，均明显高于本地相同月龄的西杂牛。

在乳用性能上，杂交一代的305天标准乳产量为3889 kg，高于本地西杂牛的3080 kg，杂交牛奶中蛋白质含量和脂肪含量明显高于本地西杂牛。

(二)改良中低产荷斯坦奶牛效果研究

自21世纪以来,我国奶牛养殖业不断发生“倒奶事件”,严重损害了奶农的利益。2008年,“三聚氰胺”事件的发生,又一次给我国奶业造成了重大冲击。如何在行业的震荡中减少对乳品企业的依赖,以提高奶农的综合效益呢?适逢德系西门塔尔牛在国内大范围推广,众多学者及行业从业者依据该品种具有产奶量高、乳质量好、肉用性与抗逆性强、淘汰残值高等特点,开展了一系列与荷斯坦奶牛的杂交应用效果研究。实验证明,利用德系西门塔尔牛与中低产荷斯坦奶牛杂交,其后代在产奶量提高、乳质量改善、淘汰牛育肥和抗逆性方面效果显著,牧场的养殖综合效益提高。

据报道,利用德系西门塔尔牛与中低产荷斯坦奶牛杂交,实验期内,其后代牛比荷斯坦奶牛日均产奶量高出10.75 kg,其乳脂率高出0.46%,乳蛋白率高出0.35%。傅春泉等在金华开展了一系列与荷斯坦奶牛的杂交效果实验,结果表明德系西门塔尔牛与荷斯坦奶牛的杂交一代与荷斯坦奶牛相比,生长性能明显增强,乳脂率与乳蛋白率显著增高,抗逆性明显增强。其另一实验表明,西荷杂交一代的产乳量增加,尤其是第二个泌乳期产乳量增加明显,产后发情期早,且成年体重较荷斯坦牛高近100 kg,显著提高了其淘汰残值,从而增加了养殖户的综合养殖效益。

此外,有研究表明,德系西门塔尔牛与荷斯坦牛杂交后代的生长性能、产肉性能与肉品质均有显著变化,各体尺指标、增重速度均高于对照组,屠宰率与净肉率分别提高了5.45%与3.84%,优质肉块(牛柳、西冷、大米龙和小米龙等)和眼肌面积均显著高于对照组,优质肉块“牛柳+西冷”“大米龙+小米龙”质量分别极显著提高30.56%、27.07%,眼肌面积极显著提高(21.09%)。实验组中谷氨酸、天门冬氨酸和甘氨酸的含量均比对照组高,且差异显著。

综上可以看出,德系西门塔尔牛与中低产荷斯坦奶牛杂交后代的乳肉生产性能均有显著提高,抗逆性增强,且肉品质也有改善,综合养殖效益有所增加。

四、繁殖性能研究

国内对德系西门塔尔牛繁殖性能方面进行研究时,研究对象主要包括纯种德系西门塔尔公牛、母牛,研究内容主要包括公牛精液指标、母牛人工授精及胚胎移植等繁殖参数。

(一)种公牛繁殖性能研究

笔者2011年研究了德系西门塔尔种公牛的精液生产能力,主要包括采精量、精液密度、冻前活力、冻后活力、原精废弃率、制冻数量等6个指标。结果显示其精液产能与鲁西黄牛相当,说明该品种公牛适应山东本地的环境,可以采精、制精并在山东及周边推广应用。

随后,还就影响德系西门塔尔种公牛精液产能的有关因素进行研究分析,主要包括季节、注射疫苗及月龄等因素。

季节因素影响实验结果显示:春季德系西门塔尔牛的精液产能各指标最佳,夏、秋季节对精液产能影响较大。而注射口蹄疫疫苗实验表明,注射疫苗后第3周精子活力降低,第5~8周可显著影响精子平均活率,第9周精子活率开始转好。其间,伴随着精子活率下降,精液废弃率增加,精液制动数量减少。口蹄疫疫苗注射对24月龄德系西门塔尔种公牛精液品质产生的影响较大，对 42 月龄种公牛精液品质影响次之，对 32 月龄种公牛精液品质影响较小。

月龄对德系西门塔尔种公牛精液指标影响研究结果显示：29 月龄前种公牛精液的冻前活率高于其他月龄段，但其冻后活率则低于其他各月龄段公牛；42 月龄后各阶段精液采集量显著高于 29 月龄前；而原精液废弃率增加却出现在 53 月龄后，且显著高于 53 月龄前的各阶段。可以看出，随着月龄的增加，采精量有一定程度的增加，但精液品质与产能有下降趋势。

李波等在贵州地区开展了德系西门塔尔牛与本地西杂牛杂交后代公牛采精及输精实验，结果表明其后代公牛表现出了较好的精液产能，且人工授精后受孕率较高。

有研究表明，利用进口德系西门塔尔牛冷冻精液给荷斯坦奶牛授精，与对照组相比，母牛受胎率、产犊率、犊牛成活率分别平均为 90%、88.88%、93.75%，受胎率显著提高，产犊率和犊牛成活率差异不大。

（二）母牛繁殖性能研究

国内学者在德系西门塔尔牛繁殖性能方面以研究纯繁母牛胚胎移植相关参数及影响因素为主，以判断该品种在我国的环境适应性及推广价值。

据毕江华等在 2011 年的报道，利用 13 头德系西门塔尔供体牛连续 4 次重复超排，生产胚胎 654 枚，可用胚胎 335 枚，每次平均冲可用胚 6.44 枚，与德国当地平均 6.8 枚的冲胚水平相当；本次实验移植受体牛 278 头次（鲜胚移植 115 头、冻胚移植 118 头、双半胚移植 45 头），妊娠率平均为 55.04%，共获得犊牛 137 头。笔者研究了季节对德系西门塔尔牛胚胎移植效果的影响，结果表明引进该品种在我国具有良好的适应性，供体牛的次均冲胚数量达到 6.4 枚，鲜胚平均移植妊娠率达 59.7%，季节对德系西门塔尔牛的冲胚效果影响并不大。朱伯阳等研究认为，在北京地区不同胎次德系西门塔尔牛的超数排卵可选春季或秋季，经产牛与育成牛在春季、秋季头均可用胚胎数及怀孕率之间无显著差异。

五、其他方面研究

关于德系西门塔尔牛其他方面的研究相对较少，研究方向主要是抗逆性、适应性、免疫功能等。各类研究均表明德系西门塔尔牛及其杂交后代牛均适应我国的环境条件，并表现出了良好的抗病与抗热应激能力，该品种适合在我国大范围推广应用。

第十五章　种质生产与培育技术研究

自德系西门塔尔牛遗传物质引进以来，生产者为进一步扩大该品种的推广范围，开展了一系列关键技术的研究，包括德系西门塔尔牛胚胎移植、种公牛培育、生长发育、纯种牛环境适应性等方面，为德系西门塔尔牛的广泛推广奠定了基础。

一、德系西门塔尔牛胚胎移植试验研究

为解决国内尚无活体德系西门塔尔牛的问题，并进一步解决好国内该品系冻精依赖进口的局面，扩大该品系西门塔尔牛的推广力度与幅度，项目初期从德国引进纯种德系西门塔尔牛冷冻胚胎 100 枚，通过使用同期发情及胚胎移植技术，在山东省高密、广饶、齐河等地选用受体牛 40 头，分两批三地先后移植冷冻胚胎 48 枚(见表 1)，受体受孕 19 头，冷冻胚胎移植受胎率达 43.8%，共获得优质纯种德系西门塔尔牛 18 头，其中公牛 12 头，母牛 6 头(3 头助产时死亡)，初产牛移植难产率平均为 21.4%，经产牛未出现难产情况，总移植难产率平均为 14.2%。主要是受体的选择时初产牛数量偏大，利用经产牛作为该品种的移植受体较为理想。

表 15-1　　德系西门塔尔牛冷冻胚胎移植情况表

移植时间	2006 年 10 月	2006 年 10 月	2007 年 5 月	合计
移植地点	高密	广饶	齐河	—
受体牛数量	10 头(其中初产杂交肉牛 0 头、经产牛 10 头)	30 头(其中初产荷斯坦牛 30 头、经产牛 0 头)	8 头(其中初产牛 0 头、经产荷斯坦牛 8 头)	48 头
移植数量	10 枚	30 枚	8 枚	48 枚
怀孕牛头数	3 头	14 头	4 头	21 头
移植成功率	30%	46.7%	50%	43.8%

续表

移植时间	2006 年 10 月	2006 年 10 月	2007 年 5 月	合计
获纯种牛数量	母牛 2 头，公牛 1 头	母牛 3 头，公牛 8 头（难产死亡 3 头）	公牛 3 头，母牛 1 头	母牛 6 头，公牛 12 头，计 18 头
难产率	0	21.4%	0	14.2%

二、德系西门塔尔牛超数排卵及移植技术研究

为进一步研究德系西门塔尔牛在北方地区的繁殖能力，山东省种公牛站与张北华田牧业科技有限公司合作，将其公司存栏的 13 头纯种母牛作为实验对象，分别于 2009 年 5 月（2 次）、8 月（1 次）和 10 月（1 次）分 4 次进行了冲胚、移植，并对冲胚及移植的结果进行了比较分析。

实验地点为河北省张家口市张北华田牧业牛场，选择 200 头受体母牛，分别于 5 月 1 日、5 月 30 日、8 月 24 日和 10 月 20 日分 4 批次对 13 头母牛进行同期发情处理，冲胚后并立即进行移植。

受体牛在移植前 6～8 月开始补饲，日喂青贮 15 kg、精料补充料 3 kg，青干草自由采食，保持日增重 0.4 kg 左右，并对受体牛分群饲养，保持环境相对稳定。

实验用药均经过 GMP 认证或由国外进口，以保证药效及质量。黄体酮阴道栓（CIDR），美国辉瑞制药有限公司；促卵泡生成素（FSH），中国科学院动物研究所；氯前列腺烯醇（PG），齐鲁动物保健品有限公司；促黄体生成素（LH），苏州市苏牧动物药业有限公司；维生素 ADE 针剂，西乡长江动物药品有限责任公司。

实验步骤分两步。

第一，以供体牛放 CIDR 之日作为 0 天，同时肌注维生素 ADE 针剂，在第 5～8 天，每天早（7:00～7:30）和晚（19:00～19:30）注射 2 次 FSH，连续 4 天，递减注射，第 8 天撤栓当天再肌注维生素 ADE 针剂。在第 7 次注射 FSH 之后，对超排供体牛每隔 6 小时观察一次发情情况，每次半小时以上，以母牛接受其他牛爬跨为发情标准。发情确定后选用进口德系西门塔尔牛种精液输精 2 次，超排母牛在发情后第 7 天用非手术法采集胚胎，获取的 1、2 级胚作为可用胚。

第二，受体与供体同一天放置 CIDR，并肌注维生素 ADE 针剂，在放 CIDR 后第 8 天注射 PG 与维生素 ADE 针剂，在注射 PG 后的第 3 天取出 CIDR。在此后 24～48 小时观察发情。以受体牛站立并接受其他牛爬跨为发情标准。并准确记录开始站立接受爬跨的时间，受体牛发情之日计为 0 天，第 6～8 天内进行胚胎移植。

由表 15-2 可以看出，5、8、10 月共进行 4 次连续冲胚与移植，其中 8 月初冲胚获取胚胎平均数要高于其他季节冲胚获取量，平均获胚 7.1 枚，10 月冲胚量最少，均量仅为 5.2 枚；8 月移植妊娠效果达 62.5%，高于其他季节胚胎移植妊娠率，10 月次之。

综上，北方地区的夏季与秋季青绿饲料丰富、气候适宜，在此环境条件下进行胚胎移植效果较佳，而季节对德系西门塔尔牛的冲胚效果影响并不大。

表 15-2　　13 头德系西门塔尔牛冲胚及鲜胚移植情况统计表

项目日期	供体数（头）	冲胚数（枚）	平均冲胚量（枚）	移植数（枚）	妊娠数（头）	妊娠率（%）
2009 年 5 月 1 日	13	97	7.5	12	3	25
2009 年 5 月 30 日	13	78	6.0	8	3	37.5
2009 年 8 月 24 日	13	92	7.1	72	52	62.5
2009 年 10 月 20 日	13	68	5.2	89	50	56.2
合计	52	335	6.44	181	108	59.7

三、胚胎移植德系西门塔尔牛的适应性观察

为进一步研究该品系西门塔尔牛在山东乃至北方地区的适应性，确定通过对胚胎移植获得的 11 头德系西门种公牛及 4 头纯种母牛的体型外貌、生长发育、繁殖力、抗病性等情况的研究，对该品系西门塔尔牛做出适应性评价。

（一）纯种公牛的适应性观察

1. 研究对象及环境

选择由德国引进的德系西门塔尔牛冷冻胚胎进行移植后获得的种用公牛 11 头进行观察研究，根据研究项目不同，其实验观察期为 0～30 月龄。该部分种公牛饲养于济南市长清区，场区依山而建。该地区年平均气温为 13.8 ℃，最高气温为 42 ℃，最低气温为 −16.5 ℃，年平均相对湿度为 62%，年平均日照时间为 2598.5 小时，日平均为 7.1 小时，日照率平均为 59%，四季分明，春季温暖，夏季炎热，秋季凉爽，冬季寒冷。

2. 饲养管理

每头种公牛采取半封闭牛舍单栏饲喂，定点、定时、定员饲喂，自由饮水、运动，运动场常年铺设沙土，夏季利用风扇降温。饲草以东北羊草为主，辅以进口苜蓿草，精料补充料根据其营养需要自行配制。饲喂量根据种公牛月龄与体重而定，日粮干物质占体重的百分比为 1.5%～1.7%。干草日饲喂量为 10～15 kg，精料补充料日喂量为 3.5～5 kg，分 3 次饲喂。秋、冬季每天饲喂胡萝卜 1～2 kg。

3. 实验结果

（1）体型外貌特征：该品系的种公牛毛色主要以红白花与黄（浅黄）白花为主，白色主要分布于头部、腹部、四肢及尾帚，背部有不同程度的白色花斑。其体格硕大粗壮，体型呈矩形，全身结构均匀，头大胸宽，肢蹄强健，被腰平直，臀部丰满。在农业部专家组的年审评定中，体型外貌评分均在 85 分以上，评定为特级。

（2）生长发育情况：11 头公牛初生体重为 39～52 kg，平均体重为 46.32 kg，3 月龄平均体重为 157.27 kg，6 月龄平均体重为 253.73 kg，12 月龄平均体重为 482.18 kg，18 月龄平均体重为 656.91 kg，24 月龄平均体重为 807.45 kg，30 月龄平均体重为 955.45 kg，从初生至 12 月龄平均日增重为 1.19 kg，12～30 月龄平均日增重为 0.87 kg，整个观察期平均日增重为 1.06 kg。其平均体重累计增长曲线如图 15-1 所示。

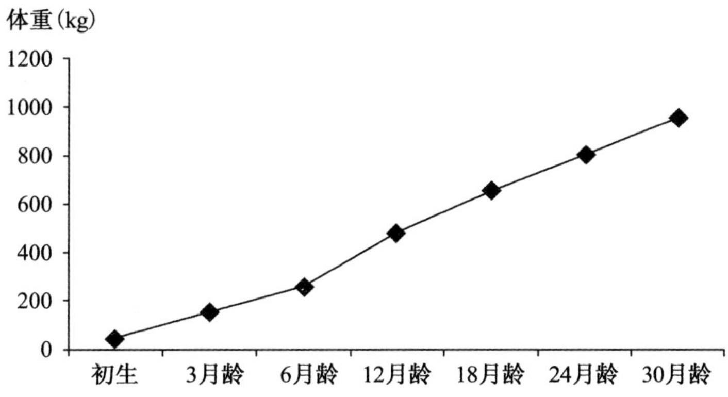

图 15-1 0～30 月龄德系西门塔尔种公牛体重累积增长曲线

由表 15-3 可知，11 头公牛各阶段生长发育情况良好，均符合种公牛培育标准，达到了培育目标。

表 15-3 德系西门塔尔种公牛各阶段生长发育情况表($\bar{x} \pm SE$)

观测日期	体高(cm)	体斜长(cm)	胸围(cm)	腹围(cm)	管围(cm)	睾丸围(cm)	体重(kg)	日增重(kg)
出生	82.77±0.44	75.32±1.05	89.95±1.33	92.91±0.99	14.27±0.27	13.18±0.35	46.32±1.35	—
3 月龄	98.55±1.15	109.45±2.11	123.36±2.31	138.91±1.63	15.59±0.32	16.36±0.41	157.27±7.58	1.233
6 月龄	106.91±1.00	130.36±1.63	149.95±1.41	183.64±1.53	18.23±0.48	20.27±0.73	253.73±6.18	1.072
12 月龄	125.91±0.97	148.55±1.16	173.32±1.96	211.68±2.31	20.36±0.25	26.27±0.56	482.18±8.30	1.269
18 月龄	142.64±0.97	154.73±1.49	189.27±1.95	229.36±1.82	22.77±0.26	31.50±0.63	656.91±10.02	0.971
24 月龄	146.27±1.12	167.45±2.10	218.91±1.71	249.41±2.57	24.82±0.35	37.23±0.52	807.45±8.54	0.827
30 月龄	152.55±1.40	172.73±2.01	233.82±1.29	262.09±2.81	25.64±0.25	41.23±0.39	955.45±12.73	0.818

注：以上数据应用 SPSS13.0 进行分析处理。

4. 精液生产情况

公牛精液呈乳白色或淡黄色，每次采精量为 4.2～9.8 mL，平均采精量为 6.60 mL，精子密度为 7.35 亿个/mL。初次采精时精液稀薄，随着年龄增长，精液密度增大。精液平均活力为 56.23%，精液平均利用率为 67.99%，平均制冻数量为 28642 支。具体情况如表 15-4 所示。

11 头公牛冷冻精液经企业自检与国家质检中心抽检，其解冻后活力、畸形率、细菌数等指标均符合国家标准。

表 15-4　　胚胎移植德系西门塔尔种公牛精液生产情况表($\bar{x} \pm SE$)

牛号	采精次数	总采精量（mL）	可利用量（mL）	次均量（mL）	平均活力（%）	平均密度（亿个/mL）	制冻数量（支）
401	182	1098.5	758.3	5.98±0.16	56.38±1.04	7.48±1.16	26683
402	179	956	683.5	5.33±0.12	55.25±2.51	6.24±0.61	27362
403	163	1099.3	745.6	7.00±0.37	57.50±1.98	6.34±0.33	29337
404	168	1162	660.3	6.73±0.22	56.25±2.16	5.95±0.27	27571
405	165	1081.7	736.2	6.56±0.18	58.75±2.43	6.84±0.30	29710
406	176	1522.4	987.8	8.84±0.30	56.67±2.94	6.04±0.38	33095
407	174	910	619.2	5.33±0.23	54.92±4.03	10.87±0.88	27724
408	179	1395	969.5	7.92±0.25	56.00±2.50	8.62±0.58	34549
409	172	1173.7	813.2	6.79±0.21	58.42±4.06	7.93±0.61	26494
410	177	906	643.2	5.01±0.20	54.92±3.08	8.45±1.12	24771
411	177	1201.2	886.9	6.84±0.24	53.50±3.39	6.12±0.47	27761

注：以上数据应用 SPSS13.0 进行分析处理。

5. 抗病性及适应性观察

11 头公牛在培育过程中，未发生重大疾病。仅有 1 头公牛患脑包虫病，经治疗 2 周后痊愈。该品系公牛对山东地区适应性总体良好，但与其他品种公牛相比，其对高温环境适应性略差，每年进入 7 月以后，尤其气温较高时(≥35 ℃)，食欲出现减退，采食量降低，呼吸频率加快，性欲减退，精液的活力与密度降低，死精数量加大，精子抗冻性降低，精液废弃率明显上升。

综上所述，胚胎移植德系西门塔尔种公牛在山东地区进行培育，可以达到预期培育目标，生长发育正常且表现出良好的繁殖性能及抗病性，适合在山东地区饲养及推广。

(二)纯种母牛的适应性观察

1. 研究对象及环境

选择由德国引进的德系西门塔尔牛冷冻胚胎进行移植后获得的母牛 4 头进行观察研究，根据研究项目不同，其实验观察期为 30 月龄以内。该部分母牛饲养于潍坊高密。高密地处中纬度，属暖温带半湿润性季风气候，其特点是春暖、夏热、秋爽、冬寒，四季分明。年平均气温为 12.7 ℃，年平均降水量为 619.6 mm，降水年际变化大，年内分配不均，旱涝灾害时有发生，年平均日照总量为 2452.7 小时，无霜期为 226 天。

2. 饲养管理

每头母牛采取半封闭牛舍群饲，定点、定时、定员饲喂，自由饮水、运动，运动场常年铺设沙土。饲草以青贮料为主，辅以自行配制的精料补充料，分 3 次饲喂。秋、冬季每天饲喂胡萝卜 1～2 kg。

3. 实验结果

(1)体型外貌特征：该品系的母牛毛色主要以红白花与黄(浅黄)白花为主，白色主要分布于头部、腹部、四肢及尾帚，背部有不同程度的白色花斑。其体型较大，全身结构均匀，头部清秀，胸深蹄健，被腰平直，臀部丰满，乳腺粗大，乳房结构匀称。

(2)生长发育情况：4 头母牛初生体重为 37～45 kg，平均体重为 40.25 kg，3 月龄平均体重为 139.38 kg，6 月龄平均体重为 229.5 kg，12 月龄平均体重为 404.5 kg，18 月龄平均体重为 567 kg，24 月龄平均体重为 697.5 kg，30 月龄平均体重为 783.5 kg，从初生至 12 月龄平均日增重为 1.01 kg，12～30 月龄平均日增重为 0.70 kg，整个观察期平均日增重为 0.83 kg。其平均体重累计增长曲线如图 15-2 所示。

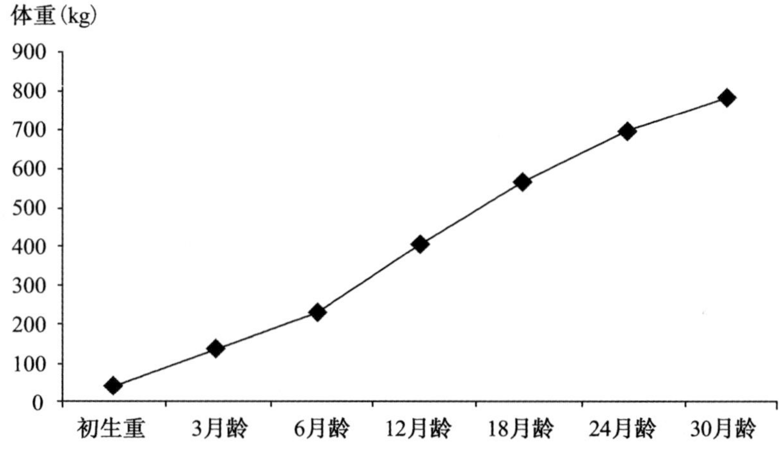

图 15-2　0～30 月龄德系西门塔尔母牛体重累计增长曲线

(3)生殖情况观察：4 头母牛分别在 16～18 月龄进行了冷配，均初配成功，怀孕期间均未出现胎儿发育停滞及流产现象，怀孕期满后获公犊牛 2 头、母犊牛 2 头。

(4)抗病性观察：4 头母牛在整个生长期间无感染疾病，繁殖正常，注射疫苗均无不良反应。夏季高温期间，有采食量下降、呼气加快等现象，冬季在半封闭牛舍无不良反应。

综上可以看出，德系西门塔尔母牛对山东地区乃至北方地区具有良好的适应性，具备推广应用的条件。

第十六章　杂种优势利用及技术研究

引进德系西门塔尔牛的主要目的就是利用其优良的乳肉兼用特性，对本地杂交牛进行改良，以提高其肉用性与乳用性。经过研究发现，其杂交后代生长速度、肉用性及乳用性均有较大的改善。

一、德系西门塔尔牛改良当地杂交牛的生产性能测定研究

由表 16-1 可以看出，德系西门塔尔牛与当地杂交牛的后代生长各阶段体重、体高、体长、胸围、管围与对照杂交牛相比均有一定水平的提高，尤其体重及胸围的提高较大。

表 16-1　　德系西门塔尔牛与当地杂交牛杂交后代生产性能测定表

生长阶段	分组	体重（kg）	体高（cm）	体长（cm）	胸围（cm）	管围（cm）
初生	对照组	32.74	69.02	66.23	70.61	9.75
	F1	40.01	75.42	73.03	82.19	11.6
	F2	42.84	75	76.18	81.5	11.6
	F3	41.83	77.6	75.07	81.63	11.63
3 月龄	对照组	104.51	92.75	96.85	111.4	12.59
	F1	122.32	99.06	102.26	122.3	14.52
	F2	118.54	102.39	105.57	118.76	13.97
	F3	117.4	100.43	103.5	114.15	13.21
6 月龄	对照组	160.93	105.48	110.39	126.79	14.37
	F1	188.7	112.02	116.16	140.42	15.81
	F2	203.22	113.12	117.91	141	16.04
12 月龄	对照组	282.24	114.6	124.36	150.7	15.6
	F1	321.81	123.03	137.28	166.21	17.04
	F2	365.18	126.98	143.28	171.24	18.22

续表

生长阶段	分组	体重（kg）	体高（cm）	体长（cm）	胸围（cm）	管围（cm）
18月龄	对照组	389.71	122.34	138.98	120.12	18.36
	F1	485.12	129.95	156.24	180.46	20.18
	F2	501.28	133.52	159.94	189.08	21.2

二、德系西门塔尔牛与当地杂交牛后代屠宰性能测定研究

由表16-2分析可知，德系西门塔尔牛与本地杂交牛的后代的净肉率、屠宰率及眼肌面积均有不同程度的提高，其中杂交一代的净肉率与屠宰率分别提高5%与3%，杂交二代比杂交一代的提高也分别超过了3.78%与4.46%，杂交后代比对照组杂交牛的眼肌面积分别提高了15.3 cm^2与25.7 cm^2。

表16-2　德系西门塔尔牛与当地杂交牛后代屠宰性能测定表

分组	宰前活重（kg）	胴体重（kg）	净肉率（%）	屠宰率（%）	眼肌面积（cm^2）
对照组	456.86	249.16	43.62	54.73	73.3
F1	539.26	314.52	48.62	57.72	88.66
F2	607.03	378.5	52.4	62.18	99.07

三、德系西门塔尔牛与当地杂交牛后代产奶性能测定研究

德系西门塔尔牛与杂交牛所生后代的产奶性能有显著提高。通过对项目区养殖户的调查，对50头杂交一代进行调查分析，其一个产奶周期比本地杂交牛增加了58.5天，日最高产奶量增加了7 kg。一个产奶周期产奶量增加到2323 kg，比杂交牛高出1335 kg。

为进一步了解其所产奶的品质，对其15头杂交后代的乳成分进行测定，并与其母代进行对比，具体情况如表16-3所示。

表16-3　德系西门塔尔牛与当地杂交牛后代乳成分测定表

分组	蛋白质含量（%）	脂肪含量（%）	非脂肪化合物含量（%）	体细胞数（万个/mL）
对照组	3.81	4.29	8.68	26.18
F1	3.63	4.20	8.56	27.55

可以看出，其杂交一代的脂肪含量、蛋白质含量及非脂化合物含量均有不同程度的下降，这也是产奶量增加的必然结果。其体细胞数量与杂交牛相比差距不大。

由于一般养殖户均以肉牛养殖为主，对于产奶母牛未按照奶牛的饲养管理方式管理，故影响了其自身的产奶能力发挥，这也是造成产奶量偏低的主要原因之一。

四、德系西门塔尔牛与低产荷斯坦牛杂交效果研究

本项目开展以来，项目组根据德系西门塔尔牛的自身特性，有目的性地在邹平三得利奶牛场开展了德系西门塔尔牛与低产奶牛的杂交实验，以评估德系西门塔尔牛对低产奶牛的改良作用，主要考察指标产奶量、乳脂率、蛋白率及非脂肪化合物等。

利用德系西门塔尔牛良种精液对三得利奶牛场 17 头荷斯坦奶牛进行杂交，其中出生杂交一代母牛 12 头。对 12 头母牛及其中 5 头母牛母亲的产奶量及乳品质进行了测定，测定统计结果如表 16-4 和表 16-5 所示。

表 16-4　　12 头杂交一代母牛产奶及乳质测算表

牛号	乳脂率（%）	乳蛋白率（%）	非脂化合物含量（%）	305 天奶量（kg）
9772	3.71	3.21	9.52	5080
170831	3.57	3.18	9.51	6678
160824	3.81	3.32	10.51	5756
170771	3.77	3.22	9.49	5193
769	3.64	3.24	9.02	6210
170773	3.78	3.25	9.33	5764
752	3.63	3.23	9.94	5640
577	3.82	3.25	9.96	4580
578	3.77	3.27	10.76	4776
170768	3.88	3.40	10.74	5768
160789	3.89	3.29	10.08	5529
798	3.74	3.27	10.61	5225
平均	3.75	3.26	9.96	5517

表 16-5　　5 头杂交一代母牛母亲产奶及乳质测算表

母亲号	杂交一代牛号	乳脂率（%）	乳蛋白率（%）	非脂化合物含量（%）	305 天奶量（kg）
A875	9772	3.48	3.11	9.44	4680
A877	160824	3.34	3.04	9.31	5442
658	170771	3.31	3.05	8.78	4861
543	170773	3.58	3.16	8.97	5238
160712	752	3.46	3.03	8.89	5126
平均		3.43	3.08	9.08	5069

通过比较可知，杂交一代母牛的牛奶脂肪含量、蛋白含量及干物质含量比其母代分别提高 0.32%、0.18%与 0.88%，305 天产奶量平均提高 448 kg，表现出了良好的增产增质性能。

同时，改良后代的抗逆性较强，尽管犊牛饲养期间牛奶饲喂量有所增加，但均无疾病发生，且长势良好，这是许多奶牛养殖户喜欢该品种的主要原因，大大降低了养殖户的管理成本及兽医费用。

第十七章　繁殖性能研究

德系西门塔尔牛作为新引进的畜种，要开展大规模的推广与应用，还需要加大对纯种公牛的培育及遗传物质的生产。冷冻精液推广作为当前最有效的遗传物质利用手段，加大种公牛精液采精、冷冻及相关影响因素的研究，将会促进德系西门塔尔牛种公牛培育、精液采集、精液冷冻及储存技术的发展，为该品种的大范围推广打下坚实的基础。

一、德系西门塔尔牛与其他品种种公牛精液品质及产能的比较研究

为进一步分析德系西门塔尔牛在山东地区的适应性及精液产能，利用山东省种公牛站存养的 3 个不同品种的种公牛作为实验对象，从 2009 年 1 月 2 日至 12 月 31 日作为一个实验周期，对该站德系西门塔尔牛、蒙贝利亚牛及鲁西黄牛的 3 个品种种公牛的采精量、精液密度、制冻数量、冻前冻后活力及原精废弃率进行比较和分析，判断德系西门塔尔种公牛作为引进新品系在山东地区的适应性及精液生产能力。

（一）实验对象及方法

选择年龄 3～4.5 岁、体重相近的德系西门塔尔牛 10 头、蒙贝利亚牛 10 头、鲁西黄牛 6 头，根据其营养需要进行统一的饲养，先粗后精，自由饮水，适量运动。

所有选用的种公牛由专职采精员负责采精工作，采精频率为每周 2 次，每次 2 回，台牛基本固定，采精顺序固定，牵引饲养员固定，并严格执行采精操作规程。

采集的原精送入检测室，由专人检测原精的采精量、活力和精液密度，确定稀释倍数。稀释好的精液放入 4 ℃冰箱中平衡 3 小时 ，然后用细管精液分装机进行分装，利用冷冻仪按设定好的冷冻程序冷冻 8 分钟，最后用附电视显微摄像系统的生物显微镜进行活力评定，镜检合格者方可进行包装。

（二）结果与分析

1. 不同品种种公牛精液采集量、密度及制冻数量的测定与统计

由表 17-1 可以看出，德系西门塔尔种公牛与蒙贝利亚种公牛相比，采精量和制冻数量显著偏低（$P<0.05$），而精液密度则差异不显著（$P>0.05$）；与鲁西黄牛种公牛相比，采精量、精液密度和制冻数量差异均不显著（$P>0.05$）；蒙贝利亚与鲁西黄牛两品种种公牛各指标相比差异也不显著（$P>0.05$）；德系西门塔尔种公牛精液密度与其他两品种精液密度相比有增大的趋势。

表 17-1　　不同品种种公牛精液采精量、密度和制冻数量

种公牛品种(系)	数量	平均采精量 (mL)	平均密度 (M/mL)	平均制冻数量 (支)
德系西门塔尔牛	10	4.20 ± 0.54^{b}	7.90 ± 1.56^{a}	107.4 ± 37.5^{b}
蒙贝利亚牛	10	5.10 ± 0.77^{a}	7.69 ± 1.44^{a}	188.3 ± 117.2^{a}
鲁西黄牛	6	4.11 ± 1.04^{b}	7.14 ± 0.52^{a}	116.8 ± 47.6^{ab}

注:同列中含有不同字母的上标表示差异显著($P<0.05$);同列中含有相同字母的上标表示差异不显著($P>0.05$)。

2. 不同品种种公牛精液冷冻前后活力及原液废弃率的测定与统计

由表 17-2 可以看出,德系西门塔尔种公牛与蒙贝利亚种公牛相比,冻前活力、冻后活力及原精废弃率各指标差异均不显著($P>0.05$);但鲁西黄牛的冻前活力有高于其他两品种冻前活力的趋势,其精液废弃率有低于其他两品种的趋势。

表 17-2　　不同品种种公牛精液冷冻前后活力及原精废弃率

种公牛品种(系)	数量	冻前活力 (%)	冻后活力 (%)	原精废弃率牛 (%)
德系西门塔尔牛	10	59.14 ± 6.11^{a}	37.53 ± 3.80^{a}	35.14 ± 16.43^{a}
蒙贝利亚牛	10	60.00 ± 8.49^{a}	38.51 ± 4.12^{a}	34.21 ± 16.16^{a}
鲁西黄牛	6	63.17 ± 9.10^{a}	37.57 ± 4.18^{a}	27.88 ± 23.75^{a}

注:同列中含有不同字母的上标表示差异显著($P<0.05$);同列中含有相同字母的上标表示差异不显著($P>0.05$)。

(三)实验结论

本研究通过对该品种种公牛精液采集量、密度、制冻数量、冻前冻后活力及原精废弃率几个指标与蒙贝利亚牛、鲁西黄牛进行比较,以探讨其精液生产能力及对环境的适应能力。

(1)种公牛精液采集量、精液密度是影响种公牛繁殖力的重要指标,所以,提高种公牛精液采精量和精液密度,是种公牛饲养管理和制精管理的重点。种公牛精液采精量大,密度大,稀释倍数大,冻精产量高。实验结果显示,蒙贝利亚种公牛的精液采集量明显高于德系西门塔尔种公牛与鲁西黄牛种公牛,德系西门塔尔种公牛的精液密度有优于蒙贝利亚种公牛与鲁西黄牛种公牛精液密度的趋势,但其差异不显著。从冻精制作数量来看,蒙贝利亚牛明显高于德系西门塔尔牛与鲁西黄牛。这一结果表明精液采精量与精液密度对冻精产量具有决定性作用。

(2)精液冻前、冻后活力及原精废弃率是种公牛冷冻精液制作过程中的重要生产控制环节,也是影响精液制冻数量和表现种公牛精液生产能力的重要因素。实验结果显示,德系西门塔尔种公牛、蒙贝利亚种公牛、鲁西黄牛种公牛精液的冻前、冻后活力及原精废弃率没有明显的不同。精液的原精活力、精子的抗冻性及精液废弃的多少都与种公牛的饲

养管理有很大的相关性，标准、规范、统一的饲养管理措施对种公牛精液生产的部分指标具有较大影响。

(3)德系西门塔尔牛在精液采集量和精液制冻数量上表现较为理想，且与鲁西黄牛表现相当，这说明德系西门塔尔牛适合在山东地区的环境用于精液生产，适于山东地区的广泛推广。

二、口蹄疫疫苗对德系西门塔尔种公牛精液品质及产能的影响

注射口蹄疫疫苗在种公牛饲养及生产中是必需的防疫环节，研究各品种种公牛对注射口蹄疫疫苗的反应，了解其精液品质变化规律对种公牛的精液生产具有重要的意义。现对山东省种公牛站 2011 年 1 月种公牛注射口蹄疫疫苗前后一段时间内的各品种种公牛精液生产及利用情况进行总结、对比与归纳，找出其影响规律，为进一步提高种公牛的精液生产提供参考依据。

(一)实验对象及方法

选择年龄 1.5～6.5 岁的各品种种公牛 42 头，其中德系西门塔尔牛 22 头、蒙贝利亚牛 15 头、鲁西牛 5 头，根据其营养需要进行统一分圈饲养，先粗后精，适当补充青绿饲料，自由饮水，适量运动。

使用 4 cm 长 16 号针头，颈部三角区深层肌内注射，用量为成年牛每头 2 mL，两种疫苗颈部双侧分别注射，每头牛 1 个针头，确保规范操作。42 头种公牛由专职采精员负责采精工作。成年牛采精频率为每周 2 次，每次 2 回。青年公牛每周 1 次，每次 1 回。采精期间，台牛基本固定，采精顺序固定，牵引饲养员固定，并严格执行采精操作规程。

采集的原精送入检测室，由专人检测原精的采精量、活力和精液密度，确定稀释倍数。稀释好的精液放入 4 ℃冰箱中平衡 3 小时，镜检活力后用细管精液分装机进行分装，利用冷冻仪按设定好的冷冻程序冷冻 8 分钟，最后用附电视显微摄像系统的生物显微镜进行活力评定，镜检合格者方可进行包装，同时对原精、平衡后精液及冻后精液的利用情况进行统计。

(二)结果与分析

由表 17-3 可以看出，注射口蹄疫苗前后，德系西门塔尔种公牛的次均采精量差异不显著($P>0.05$)；精液平均密度则在注射后一段时间内出现增加趋势，且疫苗注射后的第 3 周增加幅度开始加大，除第 1 周与注射前相比差异不显著($P>0.05$)，其他各阶段精液平均密度均显著增加($P<0.05$)；精液平均活力则在疫苗注射后出现下降，且于注射后的 5～8 周精液活力与注射前相比达到极显著水平($P<0.01$)，第 9 周开始精液活力开始转好；伴随精液活力下降，精液废弃率增加，第 3～8 周精液废弃率与注射前相比差异显著($P<0.05$)，第 9 周后精液废弃率降低并达到注射前水平($P>0.05$)；精液平均制冻数量不受疫苗注射影响，疫苗注射前后其精液制冻数量无明显变化($P>0.05$)，仅注射后 9～10 周的精液制冻数量明显高于其他时段的精液制冻制冻数量($P<0.05$)。

表 17-3　　口蹄疫疫苗对德系西门塔尔种公牛精液产能的影响

指标＼时间	注射前 1～2 周	注射后 第 1 周	注射后 3～4 周	注射后 5～6 周	注射后 7～8 周	注射后 9～10 周
次均采精量(mL)	5.3±1.4[a]	5.6±1.4[a]	5.9±1.77[a]	5.6±1.3[a]	5.6±1.4[a]	5.7±1.4[a]
平均密度(亿/mL)	7.2±2.0[b]	7.9±1.9[b]	8.7±2.66[a]	8.6±2.8[a]	8.8±2.8[a]	8.8±2.7[a]
平均活力(%)	62.3±9.5[a]	61.7±9.1[a]	59.8±10.7[ab]	55.3±11.8[c]	54.2±9.8[c]	59.1±5.5[ab]
精液废弃率(%)	36.5±32.1[b]	44.4±34.3[ab]	52.5±35.9[a]	50.9±33.1[a]	54.5±30.6[a]	38.9±33.1[b]
制冻数量(剂)	71.1±49.3[b]	70.0±50.5[b]	67.3±60.4[b]	66.1±59.1[b]	73.8±55.1[b]	98.9±61.6[a]

注:同列数据肩注字母相同,表示差异不显著($P>0.05$);同列数据肩注字母相邻,表示差异显著($P<0.05$);同列数据肩注字母相间,表示差异极显著($P<0.01$)。

综上得出,口蹄疫疫苗注射对种公牛产生较大应激,对种公牛精液产能有一定负面影响。所以,合理安排种公牛的免疫时间可以较好地缓解因疫苗应激引起的精液产量下降。

三、口蹄疫疫苗对不同月龄德系西门塔尔种公牛精液品质的影响研究

研究口蹄疫疫苗对德系西门塔尔种公牛精液产能及品质影响的同时,继续研究其对不同月龄德系西门塔尔种公牛精液品质及产能的影响差异,结合山东省种公牛站 2011 年 1 月种公牛注射口蹄疫疫苗前后一段时间内的精液生产及利用情况,找出各阶段德系西门塔尔种公牛对口蹄疫疫苗的应激差异。

(一)实验对象及方法

选择 24、32、42 月龄的德系西门塔尔种公牛 30 头,其中 24 月龄公牛 10 头、32 月龄公牛 10 头、42 月龄公牛 10 头,根据其营养需要进行统一分圈饲养,先粗后精,干草、精料补充料日喂量按照体重的 1.2%与 0.6%补给,青绿饲料每日 3 kg,自由饮水,适量运动。30 头种公牛由专职采精员负责采精工作。成年牛采精频率为每周 2 次,每次 2 回。青年公牛每周 1 次,每次 1 回。采精期间,台牛基本固定,采精顺序固定,牵引饲养员固定,并严格执行采精操作规程。

使用 4 cm 长 16 号针头,颈部三角区深层肌内注射,用量为成年牛每头 2 mL,两种疫苗颈部双侧分别注射,每头牛 1 个针头,确保规范操作。采集的原精送入检测室,专人检测原精的采精量、活力和精液密度,确定稀释倍数。稀释好的精液放入 4 ℃冰箱中平衡 3 小时 ,镜检活力后用细管精液分装机进行分装,利用冷冻仪按设定好的冷冻程序冷冻 8 分钟 ,最后用附电视显微摄像系统的生物显微镜进行活力评定,镜检合格者方可进行包装。

(二) 结果与分析

1. 口蹄疫疫苗对 24 月龄德系西门塔尔种公牛精液品质的影响

由表 17-4 可以看出,注射口蹄疫疫苗前后,该月龄段种公牛的次均采精量与精液密度差异不显著($P>0.05$),但精液密度呈现增大趋势;精液平均活力则在疫苗注射后第 3～8周时出现下降趋势,且与注射前相比达到极显著水平($P<0.01$),第 9 周开始精液活

力开始逐步恢复正常；疫苗注射后的1～6周内精液废弃率增加显著($P<0.05$)；精液制冻数量在疫苗注射前后10周内各时段表现平稳($P>0.05$)。

表 17-4　　口蹄疫疫苗对24月龄德系西门塔尔种公牛精液品质的影响

指标＼时间	注射前1～2周	注射后1～2周	注射后3～4周	注射后5～6周	注射后7～8周	注射后9～10周
次均采精量(mL)	5.2±0.2[a]	4.8±0.2[a]	5.3±0.3[a]	4.78±0.32[a]	4.8±0.3[a]	4.9±0.2[a]
平均密度(亿/mL)	6.3±0.5[a]	7.7±0.5[a]	7.8±1.1[a]	6.45±0.55[a]	7.5±0.5[a]	7.9±0.7[a]
平均活力(%)	62.8±1.5[a]	63.4±0.9[a]	53.9±3.0[d]	55.12±1.78[c]	51.9±2.8[d]	61.8±1.4[ab]
废弃率(%)	41.6±8.3[b]	66.7±11.2[a]	52.3±12.1[a]	65.04±8.88[a]	40.5±9.8[b]	38.7±4.8[b]
制冻数量(剂)	48.9±11.9[ab]	48.8±18.2[ab]	58.9±16.3[ab]	32.8±8.7[b]	79.6±15.2[a]	84.9±17.9[a]

注：同行数据肩注字母相同，表示差异不显著($P>0.05$)；同行数据肩注字母相邻，表示差异显著($P<0.05$)；同行数据肩注字母相间，表示差异极显著($P<0.01$)。

2. 口蹄疫疫苗对32月龄德系西门塔尔种公牛精液品质的影响

由表17-5可以看出，与疫苗注射前相比，疫苗注射后该月龄段种公牛精液次均采精量及精液密度无显著增减($P>0.05$)，但精液密度随时间推移有增大的趋势；而精液活力仅在疫苗注射后的第7～8周时显著低于其他时段($P<0.01$)，其他各时段精液活力差异不明显($P>0.05$)；注射疫苗后的该月龄段种公牛精液废弃率与精液制冻数量尽管表现出了一定的幅度增减，但差异并不显著($P>0.05$)。

表 17-5　　口蹄疫疫苗对32月龄德系西门塔尔种公牛精液品质的影响

指标＼时间	注射前1～2周	注射后1～2周	注射后3～4周	注射后5～6周	注射后7～8周	注射后9～10周
次均采精量(mL)	4.9±0.3[a]	4.7±0.2[a]	4.9±0.3[a]	4.9±0.3[a]	5.0±0.3[a]	4.9±0.3[a]
平均密度(亿/mL)	7.1±0.5[a]	7.5±0.5[a]	8.4±0.6[a]	7.9±0.7[a]	8.5±0.7[a]	8.3±0.6[a]
平均活力(%)	63.9±2.4[a]	62.2±2.3[ab]	64.3±1.8[a]	62.3±1.9[ab]	56.1±2.3[c]	61.2±1.2[abc]
废弃率(%)	36.6±7.1[a]	45.9±8.7[a]	41.7±7.4[a]	41.4±8.1[a]	51.6±8.1[a]	31.1±6.9[a]
制冻数量(剂)	72.0±9.1[a]	60.3±9.7[a]	90.6±13.8[a]	64.9±11.0[a]	74.6±12.7[a]	91.8±11.1[a]

注：同行数据肩注字母相同，表示差异不显著($P>0.05$)；同行数据肩注字母相邻，表示差异显著($P<0.05$)；同行数据肩注字母相间，表示差异极显著($P<0.01$)。

3. 口蹄疫疫苗对42月龄德系西门塔尔种公牛精液品质的影响

由表17-6可以看出，疫苗注射后该月龄段种公牛的次均采精量差异不显著($P>0.05$)；精液密度则出现显著增加($P<0.05$)；平均密度在注射疫苗第7～8周时出现极显著差异($P<0.01$)；精液活力在注射疫苗后的第5～10周出现显著降低($P<0.01$)，但第9周开始出现恢复迹象；伴随活力的降低，精液废弃率也出现显著增加($P<0.01$)；精液制冻数量在疫苗注射后的第3～8周出现降低的趋势，但差异并不明显，直至第9～

10周出现显著增加($P<0.05$)。

表 17-6　　口蹄疫疫苗对42月龄德系西门塔尔种公牛精液品质的影响

指标＼时间	注射前 1～2周	注射后 1～2周	注射后 3～4周	注射后 5～6周	注射后 7～8周	注射后 9～10周
次均采精量(mL)	5.9±0.4[a]	6.3±0.3[a]	6.6±0.5[a]	6.2±0.3[a]	6.0±0.3[a]	6.4±0.3[a]
平均密度(亿/mL)	7.1±0.5[c]	8.0±0.3[ac]	9.1±0.7[ab]	8.7±0.6[ab]	9.2±0.6[a]	9.2±0.6[ab]
平均活力(%)	64.0±0.9[a]	63.7±1.3[a]	60.1±1.7[ab]	53.1±2.1[d]	54.8±1.7[c]	58.8±0.9[b]
废弃率(%)	26.6±6.2[c]	38.3±5.8[ac]	54.0±8.2[a]	51.5±5.9[a]	52.9±5.9[a]	37.1±6.8[ac]
制冻数量(剂)	83.9±12.7[ab]	92.9±12.7[ab]	72.7±12.8[b]	82.2±14.1[b]	80.9±12.1[b]	117.9±9.9[a]

注:同行数据肩注字母相同,表示差异不显著($P>0.05$);同行数据肩注字母相邻,表示差异显著($P<0.05$);同行数据肩注字母相间,表示差异极显著($P<0.01$)。

由上述分析可以看出,注射口蹄疫疫苗对种公牛采精量没有影响。疫苗注射后种公牛的精液密度有增大现象,这很有可能与精液密度随着气温升高而提高有关。1月底,山东地区气温回升较快,在疫苗注射后的近2个月的实验期间,适宜的气温对提高精液密度也起到了积极的作用。

疫苗注射后一段时间内各月龄段种公牛精液活力及精液废弃率均有一定变化,但影响程度不一。其中,24月龄、42月龄种公牛精液活力出现变化的时间较早,影响期较长;而32月龄种公牛精液活力影响仅出现在疫苗注射后的第7～8周,出现较晚,延续时间短且恢复较快。精液废弃率随精液活力变化而变化,除32月龄种公牛精液利用情况较好,另外2个月龄段均废弃率较高。精液废弃的主要原因是精液活力下降、精子畸形率增加及死精现象。其机理可能与疫苗的注射应激及疫苗中氢氧化铝或双相矿物油等佐剂对动物细胞具有毒性作用有关。

精液的制冻数量是体现种公牛精液产能的决定性指标。在本实验中,24月龄段种公牛精液的制冻数量在疫苗注射后的第5～6周降幅较大,32月龄、42月龄段种公牛的精液制冻数量在疫苗注射前后变化相对平稳。但该指标在3月龄段公牛疫苗注射后期均出现了程度不一的增长,这主要与环境温度对精液密度的提高有关,与疫苗注射对精液其他指标造成的负面影响起到了良好的拮抗作用。

综上所述,口蹄疫疫苗注射对24月龄种公牛精液品质产生的影响较大,对42月龄种公牛精液品质影响次之,对32月龄种公牛精液品质影响较小。

四、季节变化对德系西门塔尔种公牛精液品质的影响研究

公畜的精液品质受季节变化影响很大。据报道,不同季节会引起羊、马、牛的精液品质发生显著变化,尤其热应激对种公牛的繁殖机能影响较大,严重影响公牛的精液品质。肉用种公牛由于体重比较大,不同季节尤其是夏季炎热气候对其精液品质和产能的影响较为明显,大大降低了肉用种公牛的利用效率。研究季节变化对种公牛精液的影响,对于种公牛的精液生产具有积极的指导意义。

(一)实验对象及方法

选择年龄3～4.5岁、体重相近的德系西门塔尔牛8头,根据其营养需要进行统一的饲养,每头种公牛采取半封闭牛舍单栏饲喂,先粗后精,定点、定时、定员饲喂,自由饮水,自由运动,运动场常年铺设沙土,夏季用风扇降温。饲草以东北羊草为主,辅以美国进口苜蓿草,精料补充料根据其营养需要自行配制。饲喂量根据种公牛月龄与体重而定,日粮干物质占体重的百分比为1.5%～1.7%。干草日饲喂量为10～15 kg,精料补充料日喂量为3.5～5 kg,分3次饲喂。秋、冬季每天饲喂胡萝卜1～2 kg。

8头种公牛由专职采精员负责采精工作,采精频率为每周2次,每次2回,台牛基本固定,采精顺序固定,牵引饲养员固定,并严格执行采精操作规程。采集的原精送入检测室,专人检测原精的采精量、活力和精液密度,确定稀释倍数。稀释好的精液放入4 ℃冰箱中平衡3小时,然后用细管精液分装机进行分装,利用冷冻仪按设定好的冷冻程序冷冻8分钟,最后用附电视显微摄像系统的生物显微镜进行活力评定,镜检合格者方可进行包装。

(二)环境与气候

济南市长清区位于山东省中部,属于暖温带半湿润大陆性季风气候,其气候特点:季风明显,四季分明,春季干旱少雨,夏季炎热多雨,秋季较为清爽,冬季干燥寒冷。年平均气温为13.8 ℃,最高气温为42 ℃,最低气温为－16.5 ℃,年平均相对湿度为62%,全年平均日照时间为2598.5小时,日照率平均为59%,日平均为7.1小时,年平均降水量为660.7 mm。

(三)结果与分析

由表17-7可以看出,季节变化对德系西门塔尔种公牛精液的影响比较明显。在各季节中,夏季的次均采精量最高且显著高于冬季($P<0.05$),其他各季节间次均采精量变化不显著($P>0.05$);平均密度则表现为春季显著高于秋季($P<0.05$),其他各季节间差异不显著($P>0.05$);春、冬季精液平均活力与秋季相比差异显著($P<0.05$),与夏季相比差异极显著($P<0.01$);冬季的精液利用率与夏、秋季相比差异显著($P<0.05$),春季与夏、秋季相比,精液利用率表现为差异极显著($P<0.01$);春季精液制冻数量要显著高于冬季($P<0.05$),并极显著高于夏、秋两季的精液制冻数量($P<0.01$),其他任意两季节之间差异均不显著($P>0.05$)。

表17-7　季节变化对德系西门塔尔种公牛精液品质及产能影响

季节	次均采集量(mL)	平均密度(亿/mL)	平均活力(%)	精液利用率(%)	制冻数量[支/(头·月)]
春	6.60± 0.2[ab]	8.74± 0.6[a]	59.13± 1.66[a]	71.46± 5.0[a]	2526.79± 252.2[a]
夏	6.95± 0.2[a]	7.79± 1.1[ab]	36.13± 7.08[cd]	21.20± 14.3[cd]	561.63± 482.7[d]
秋	6.46± 0.1[ab]	6.21± 0.5[b]	44.29± 4.69[bc]	23.47± 6.2[c]	537.50± 186.8[cd]
冬	6.06± 0.3[b]	7.67± 0.4[ab]	59.04± 2.11[a]	60.75± 6.5[ab]	1266.13± 163.2[bd]

注释:同列数据肩注字母相同,表示差异不显著($P>0.05$);同列数据肩注字母相邻,表示差异显著($P<0.05$);同列数据肩注字母相间,表示差异极显著($P<0.01$)。

德系西门塔尔牛夏季精液采集量上升，但精液密度开始降低，秋季达到低点后逐步恢复，精子活力、精液利用率及精液的制冻数量在夏季达到最低，后逐步提高。该品种作为引入品种对本地环境有一个逐步适应驯化的过程，尤其对于夏季的高温还需要进一步的适应。

五、德系西门塔尔种公牛全年精液品质及冻精产能变化规律研究

在研究季节变化对德系西门塔尔种公牛精液品质及产能影响的同时，继续深入分析该品种种公牛精液品质的几个指标在一年中的变化规律，对该品种种公牛乃至其他品种种公牛精液的生产指导具有重要意义。

以山东省种公牛站存栏的 20 头不同月龄的德系西门塔尔种公牛为研究对象，对其 2011 年全年的精液生产记录进行总结，以月份为时间单位，分析其精液各指标及产能的变化规律，主要包括精液采集量、精液废弃率、精液活力及密度的变化趋势，具体如图17-1所示。

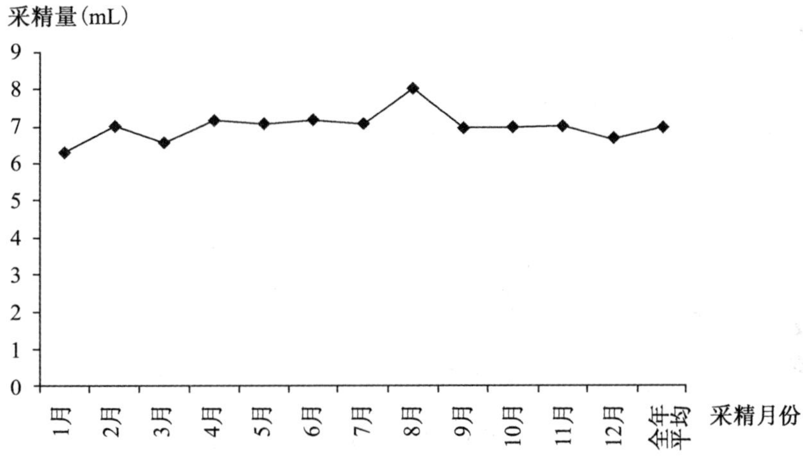

图 17-1　2011 年德系西门塔尔种公牛精液次均采集量变化趋势图

可以看出，德系西门塔尔种公牛的精液采精量全年变化较为稳定，采精量在 1 月较低，8 月最高，主要受气候变化影响较大。气温高时精液采集量较大，气温较低时采精量有所降低。

由图 17-2 可以看出，德系西门塔尔种公牛精液废弃率在 5 月达到最低，这一时段是种公牛采集精液的黄金时期。随着温度的升高，废弃率急剧攀升，随着气温的降低废弃率逐步降低，总体呈现出随温度变化而波动的趋势。但在此期间也有异常表现，如 2 月和 3 月的废弃率比 1 月的升高，这有可能是受疫苗注射的影响。

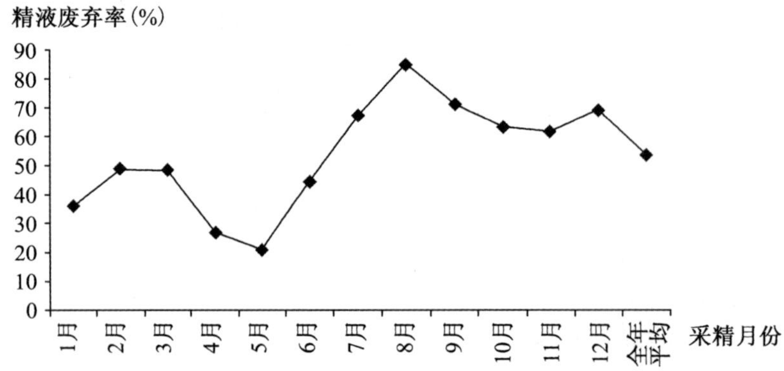

图 17-2　2011 年德系西门塔尔种公牛精液废弃率变化趋势图

由图 17-3 可以看出，德系西门塔尔种公牛精液密度全年变化幅度不大，在 9 亿/mL 上下波动。4～7 月精液密度较为理想，随着高温的影响精液密度有下降的趋势。但随着气温降低，精液密度逐步恢复至较理想水平。

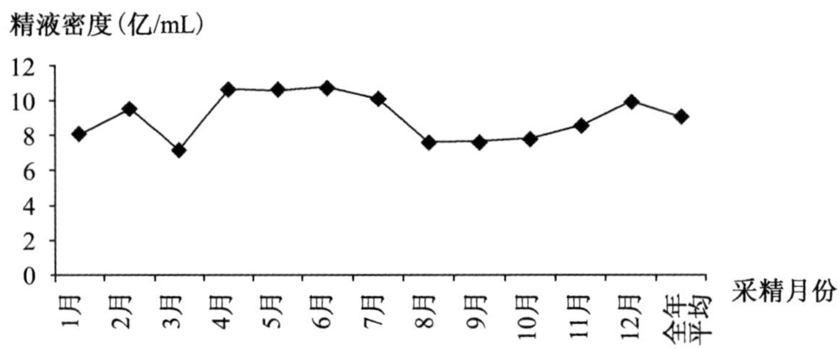

图 17-3　2011 年德系西门塔尔种公牛精液密度变化趋势图

由图 17-4 可以看出，德系西门塔尔种公牛精液活力全年变化幅度较大，1～7 月精液活力变化不大，但随着夏季的到来，精液活力急剧下降，8 月达到最低点后逐步回升。图中 1～2 月与 11～12 月两个精液活力出现小幅下降，可能与疫苗注射及冬季低温有关。

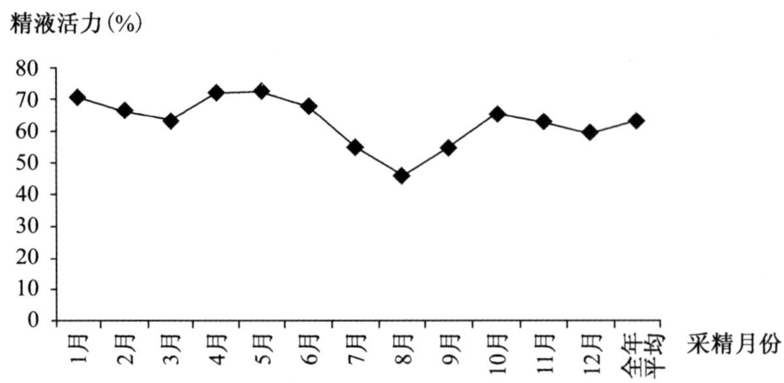

图 17-4　2011 年德系西门塔尔种公牛精液活力变化趋势图

六、月龄对德系西门塔尔种公牛精液品质及产能的影响

为进一步搞清楚不同月龄对德系西门塔尔种公牛精液产能的影响，结合生产实际，以2008年12月至2013年12月作为一个实验期，对该批种公牛中的9头进行为期5年的跟踪观察，对比其实验期各年份内的采精量、精液密度、冻前冻后活力、制动数量及原精废弃率，并分析月龄增长对该批种公牛精液品质及产能的影响，找出其精液生产特点，对其环境适应性与使用寿命进行综合分析与评判，为下一步改善其精液品质与产能提供依据。

(一)材料与方法

(1)选择同批胚胎移植获得德系西门塔尔种公牛9头，根据其营养需要进行统一饲养管理，分圈单独饲养，精、粗、鲜饲料搭配，自由饮水，适量运动。

(2)9头种公牛由相对固定的专职采精员负责采精工作，采精频率为每周2次，每次之间间隔2天，每次2回，每回间隔至少1小时，台牛相对固定，采精顺序固定，牵引饲养员固定，并严格执行种公牛采精技术操作规程。

(3)采集的原精送入检测室，专人检测原精的采精量、活力和精液密度，确定稀释倍数。稀释好的精液放入4 ℃冰箱中平衡3小时，然后用细管精液分装机进行分装，利用冷冻仪按设定好的冷冻程序冷冻8分钟，最后用附电视显微摄像系统的生物显微镜进行活力评定，镜检合格者方可进行包装。

(二)结果与分析

1. 月龄对种公牛精液品质影响的测定

由表17-8可以看出，9头德系西门塔尔种公牛在29月龄前，其精液平均密度与其他月龄段相比差异不显著($P>0.05$)，但在30～41月龄期间，精液平均密度相对于其他月龄段表现出增大的趋势，之后则表现为缓慢减小且相对稳定。精液的冻前活率在29月龄前表现较高，与其他月龄段相比差异显著($P<0.05$)，且表现出持续降低的趋势。精液的冻后活率在42～65月龄期间值较高，并显著高于29月龄前精液的冻后活率($P<0.05$)，而其他月龄段之间差异均不显著($P>0.05$)。

表17-8 月龄对德系西门塔尔种公牛精液密度及冻前冻活率的影响

生产年份	月龄数(月)	公牛数量(头)	平均密度(亿/mL)	冻前活率(%)	冻后活率(%)
2009年(含2008年12月)	17～29	9	8.16 ± 1.82^{a}	60.89 ± 0.61^{a}	32.53 ± 4.65^{b}
2010年	30～41	9	8.49 ± 1.84^{a}	53.44 ± 4.82^{b}	34.67 ± 1.98^{ab}
2011年	42～53	9	7.74 ± 1.64^{a}	52.88 ± 2.98^{b}	37.32 ± 3.21^{a}
2012年	54～65	9	7.95 ± 2.07^{a}	48.67 ± 4.09^{b}	36.87 ± 2.24^{a}
2013年	66～77	9	7.87 ± 2.85^{a}	47.53 ± 7.91^{b}	35.43 ± 2.58^{ab}

2. 月龄对种公牛精液产能影响的测定

由表17-9可以看出，德系西门塔尔种公牛精液的次均采精量以42～53月龄最高，且与29月龄前相比差异极显著($P<0.01$)，与54～77月龄相比差异显著($P<0.05$)，30～77月龄的平均采精量差异不显著($P>0.05$)，但有先增多后减少的趋势。由原精液的废弃率看，17～53月龄各阶段的原精废弃率显著低于54～65月龄与66～77月龄($P<0.05$)，53月龄后种公牛精液的废弃率增大，公牛精液产能出现降低的趋势。种公牛平均每次采精可制作冻精数量受月龄影响不大，各月龄段产量差异并不显著($P>0.05$)，但在42～53月龄其制动数量较多且波动较小。

表17-9　月龄对德系西门塔尔种公牛精液采精量、制冻数量及原精废弃率的影响

生产年份	月龄数（月）	公牛数量（头）	次均采精量（mL）	原精废弃率（%）	次均制冻数量（支）
2009年（含2008年12月份）	17～29	9	4.56 ± 0.74^{c}	47.59 ± 9.62^{b}	99.64 ± 47.78^{a}
2010年	30～41	9	5.58 ± 0.94^{abc}	44.30 ± 16.37^{b}	110.03 ± 61.35^{a}
2011年	42～53	9	6.52 ± 1.34^{a}	42.94 ± 10.31^{b}	123.39 ± 32.65^{a}
2012年	54～65	9	6.09 ± 1.22^{ab}	59.69 ± 15.79^{a}	101.68 ± 54.24^{a}
2013年	66～77	9	6.24 ± 2.01^{ab}	61.26 ± 18.63^{a}	105.45 ± 42.68^{a}

注：同列数据肩标字母相同，表示差异不显著($P>0.05$)；同列数据肩标字母相邻，表示差异显著($P<0.05$)；同列数据肩标字母相间，表示差异极显著($P<0.01$)。

种公牛的精液品质及产能对牛群的发展和品质改良起着极其重要的作用，尤其在人工授精技术普及的今天，种公牛的作用更加重要。在畜牧业发展中，种公牛的作用就是生产大量品质优良的精液，并将其优良的性能稳定遗传给后代，但在实际生产中，种公牛精液品质偏差，产能偏低。种公牛精液品质及产能受多重因素的影响，如遗传、营养、环境、疫病、管理等均可产生不同程度的影响，但关于月龄对精液品质及产能影响的研究较少，尤其未见对德系西门塔尔种公牛影响的相关报道。笔者之前对季节、注射疫苗等因素对德系西门塔尔牛精液品质及产能的影响做了研究分析，继续对影响该品种繁殖能力的因素进行研究探讨，有助于生产者加深对该品种的了解及利用，对指导实际生产具有重要的意义。

种公牛精液密度、冻前冻后活率是评价种公牛繁殖力及精液品质的重要指标。提高种公牛精液密度及精液的冻前冻后活率，是种公牛饲养管理和冻精生产的重点。种公牛的精液密度、活率大小直接关系着其精液产能的大小，其影响因素也比较多。本实验在不考虑其他因素的情况下，分析了月龄对种公牛精液密度的影响情况，结果显示各实验组精液密度差异不显著，说明月龄对精液密度的影响不大。种公牛29月龄前精液冻前活率较其他月龄段较高，但其冻后活率较低，说明年青公牛的精子抗冻性低，直接影响精液品质及生产数量。30月龄后的实验公牛精液的冻前冻后活率虽表现出一定的趋势，但其差异并不显著，说明月龄对成年公牛精液品质的影响也不大。

种公牛精液采集量与制冻数量之间呈正相关，而原精液废弃率与制冻数量之间则呈负相关，提高精液的采集量，降低原精液的废弃率可提高冻精的生产数量。由本实验可以看出，只有 30 月龄前的精液采集量明显低于 30 月龄后各月龄段的精液采集量，其他各月龄段之间没有差异，说明种公牛进入成年期后，其精液射出量趋于稳定。原精液废弃率在 53 月龄之前的各月龄段前要低于 53 月龄之后各月龄段，且表现出随着月龄增加精液废弃率增加的趋势。可以看出，月龄对精液废弃率有一定的影响，尤其 53 月龄之后较明显。精液的制冻数量虽然各阶段差别不大，但 42～53 月龄的产量较高，之前、之后的产量均有降低的趋势，说明这一阶段可能是该品种种公牛精液生产变化的转折期。

综上所述，月龄对德系西门塔尔种公牛精液采集量、原精液废弃率、冻前冻后活率等精液品质的部分指标在不同阶段均呈现一定程度的影响，而对精液密度及制冻数量的影响不明显。该品种种公牛随着月龄的增加，采精量有不同程度的增加，可能与公牛睾丸围生长有关。精液品质出现下降趋势将直接影响种公牛的冻精生产。所以在实际生产中，种公牛月龄达 55 月龄以上时，要加强管理与饲养，为其提供良好的生产环境，尽可能地增加产能，延长使用寿命。

第十八章　饲养技术及其他研究

在德系西门塔尔牛培育与推广过程中，针对不同饲养方式、不同质量饲草及抗逆性对生长的影响等方面因素开展了系列研究，为深入了解该品种生产特质提供了研究素材，也为提高德系西门塔尔牛的饲养与管理水平提供了借鉴。

一、德系西门塔尔杂种牛生产性能及经济效益研究

德系西门塔尔牛经过多年的推广已具有良好的生产基础，山东省拥有十几万头的德系西门塔尔牛杂交后代群，胶东半岛地区形成了乳肉兼用德系西门塔尔牛生产基地。为进一步了解该品种牛杂种后代的生长特性，以德系西门塔尔牛与本地牛的杂交二代为实验对象，以山东地区主产的青贮玉米秸秆为饲草，通过饲用普通(不带穗)青贮玉米秸秆与全株(带穗)青贮玉米秸秆做成的混合日粮，比较两种日粮对该品种牛在生长性能及其经济效益的影响，为确定该品种的最佳育肥方案提供基础素材。

(一)材料与方法

1. 青贮原料

9 月底、10 月初，购买农民种植的无穗玉米秸秆 1000 t，收购价格每千克 0.16 元，带穗全株玉米秸秆 1000 t，收购价格每千克 0.50 元。精料补充料价格每千克 2.74 元。

2. 实验牛选择

选择体重在 300～350 kg 的德系西门塔尔牛与本地牛的杂交二代公牛 18 头，分为实验组与对照组，随机分成两组，每组 9 头，每 3 头牛为 1 个重复。

3. 饲喂日粮

每组牛的日粮分别用全株青贮玉米秸秆与普通青贮玉米秸秆，与精料补充料充分搅拌后充足供给，每次饲喂结束后称量剩余日粮，确定实际采食量。

4. 时间与预饲

实验于 2015 年 1 月 5 日～2 月 15 日开展，其中预饲期 10 天，实验期 30 天，实验前对实验牛进行随机分组、编号，提前适应草料及场地环境。

5. 青贮饲料制作

将待青贮玉米秸秆铡短至 1～3 cm，分层铺在青贮窖内，每层 30～40 cm，每铺一层要用机械压实，直至整个青贮窖压实密封。其间要注意缩短青贮制作时间，密封后要注意窖池周边排水，并定期察看窖池顶部是否有裂缝，防止漏水、漏气，封窖 30 天后取用饲喂。

6. 饲养与管理

所有实验牛在同一栋牛舍内，散养，每栏 9 头；将青贮饲料与精料补充料充分搅拌后饲喂，每天饲喂 2 次，清洁饮水。

7. 记录与测定

青贮开窖后，取样送至有资质的检测机构进行相关指标的测定。每次饲喂前称量混合日粮，饲喂结束后称量剩余日粮，最后确定实际饲喂量。预饲 10 天，实验开始前与实验结束前连续 2 天，每天空腹称量体重 1 次，并记录，2 天的平均体重为初始体重与期末体重。

（二）结果与分析

1. 两种青贮玉米秸秆各指标测定结果的比较

由表 18-1 可以看出，带穗青贮玉米组中秸秆粗纤维、酸性洗涤纤维含量显著低于普通青贮玉米秸秆（$P<0.05$），水分、粗蛋白、中性洗涤纤维及木质素含量差异均不显著（$P>0.05$），但带穗青贮玉米秸秆的中性洗涤纤维与木质素含量有明显降低的趋势。

表 18-1　两种青贮玉米秸秆中常规成分分析

组别	水分（%）	粗蛋白（%）	粗纤维（%）	中性洗涤纤维（%）	酸性洗涤纤维（%）	木质素（%）
普通青贮组	71.83±3.36	2.18±0.34	7.40±0.10^{a}	18.80±0.70	10.57±0.60^{a}	1.50±0.36
带穗青贮组	70.37±2.66	2.69± 0.09	5.67±0.66^{b}	15.73±1.95	7.87± 0.85^{b}	1.00±0.50

注：同列数据肩标字母相邻，表示差异显著（$P<0.05$）。

2. 青贮玉米秸秆对德系西门塔尔杂种牛采食量及增重的影响

由表 18-2 可以看出，饲喂带穗青贮玉米秸秆组肉牛的饲草消耗总量显著高于饲喂普通青贮玉米秸秆组肉牛（$P<0.05$），初始重、期末重、全期增重与平均日增重各指标差异均不显著（$P>0.05$），但带穗玉米秸秆饲喂的肉牛全期增重与平均日增重两个指标增大趋势明显。

表 18-2　不同日粮对德系西门塔尔杂种牛生产性能的影响

组别	头数（头）	饲草消耗量（kg）	初始重（kg）	期末重（kg）	全期增重（kg）	平均日增重（kg）
普通青贮组	9	924.98±83.86^{b}	309.61±7.56^{a}	346.44±11.03^{a}	36.83±3.92^{a}	1.23±0.13^{a}
带穗青贮组	9	1127.02±13.66^{a}	314.88±24.26^{a}	360.17±30.93^{a}	45.28±7.01^{a}	1.51±0.23^{a}

注：同列数据肩标字母相邻，表示差异显著（$P<0.05$）。

3. 德系西门塔尔杂种牛头均饲料消耗及经济效益比较

由表 18-3 可以看出，尽管带穗青贮玉米秸秆饲喂过程中牛的采食量较大，但由于日增重加快，其实验期饲喂带穗青贮玉米组头均纯收益要高于普通青贮饲喂肉牛组的纯收益，且头均日纯收益要高出近 30%。

表 18-3　　不同日粮对德系门塔尔杂种牛经济效益的影响

组别	头均耗草量（kg）	头均耗料量（kg）	头均饲喂成本（元）	头均毛收益（元）	头均纯收益（元）	头均日纯收益（元）
普通青贮组	102.78	132	378.13	957.58	579.45	19.32
带穗青贮组	125.22	132	424.29	1177.28	752.99	25.10

注：活牛价格按照每千克 26.00 元计算；收益仅计算草料成本，不含人工、设备折旧、水电等费用。

玉米的成熟需要经历乳熟期、蜡熟期和完熟期 3 个阶段。随着从乳熟期到完熟期的推进，玉米秸秆中的粗蛋白含量逐步降低，粗纤维、酸性洗涤纤维、中性洗涤纤维及木质素的含量不断减少。这也是众多农作物秸秆或饲草成熟的基本规律。本实验中，两组青贮秸秆中粗蛋白的含量虽然差异不显著（$P>0.05$），但已表现出完熟期后的普通玉米秸秆制成的青贮粗蛋白含量在减少，而粗纤维、酸性洗涤纤维、中性洗涤纤维和木质素的含量在增多，且粗纤维与酸性洗涤纤维的含量差异达到显著水平（$P<0.05$）。这表明带穗青贮玉米能够给肉牛提供更为丰富的营养成分，且成分的消化降解率会更高。

在肉牛采食及增重实验中，带穗青贮玉米组中的肉牛青贮料的采食量显著高于普通青贮组肉牛（$P<0.05$），而两实验组肉牛初始体重、期末体重、全期增重及日增重差距不大且差异不显著（$P>0.05$），但可以看出后三个指标之间的差距在加大。这表明带穗青贮玉米饲喂肉牛能够表现出更高的采食量，从而促使肉牛增重更快，表现出较好的育肥效果，这与很多研究结果相同。

在饲草料消耗与经济效益比较中，活牛价格以实验期结束时活牛市场价格每千克 26.00 元计算。由于两实验组其他饲喂条件相同，故成本中未将人工、设备折旧及水电等费用列入。通过比较发现，带穗青贮玉米秸饲喂量偏高，每头饲喂成本比普通青贮组增加 12.21%，而头均纯收益却增加了 29.95%，带穗青贮玉米组肉牛增重经济效益要明显高于普通青贮组。

综上所述，利用普通青贮玉米秸秆与全株（带穗）青贮玉米秸秆饲喂德系西门塔尔牛杂种后代均取得了较好的增重效果，且以全株（带穗）青贮玉米秸秆饲喂效果更佳。

二、饲养方式与品种对犊牛腹泻的影响研究

不同饲养方式对犊牛生长发育及疾病发生有不同程度的影响。母犊分离饲养是奶牛场普遍采用的犊牛饲喂技术，该技术在喂奶、饮水、草料补给、环境控制等各方面取得了良好的应用效果。但是德系西门塔尔牛作为乳肉兼用牛，在日常生产中采用这一技术的则相对较少，尤其是小规模养殖户或家庭牧场。他们主要采用母牛带犊饲养的方式，由于喂奶、饮水、草料补给及环境等因素均不易控制，从而导致了犊牛一系列疾病的发生，其中以腹泻较为多见，已严重影响了犊牛的正常生长，增加了牛场饲养管理的难度。

此外，品种对动物的某种抗病能力也存在一定差异。德系西门塔尔牛自 2007 年引进我国以来，以乳质优良、抗病力强等优点获得了广大养殖户的认可，但一直未见该品种犊牛腹泻的相关研究与报道。为进一步研究饲养方式对犊牛饲养阶段腹泻的影响，了解相

同饲养、环境因素下品种对犊牛腹泻的影响程度，我们选择烟台元化肉牛养殖有限公司牛场为实验牧场，以乳肉兼用德系西门塔尔犊牛、荷斯坦奶牛犊牛及德系西门塔尔与荷斯坦杂交后代犊牛为实验对象，观察比较采取2种饲喂方式对不同品种犊牛腹泻的影响，摸索出更加符合犊牛饲喂的饲喂方式与管理技术，降低犊牛疾病发生率，提高犊牛成活率及牛场综合经济效益，也为在乳肉兼用牛场进一步推广母犊分离饲养技术提供依据。

（一）材料与方法

1. 实验时间及牛场选择

2015年5月3日～6月1日，烟台元化肉牛养殖有限公司牛场。

2. 实验动物选择与分组

选择3～20日龄德系西门塔尔牛犊牛、荷斯坦奶牛犊牛及德系西门塔尔与荷斯坦奶牛杂交后代犊牛各20头，共计60头，分成2组，每组30头，其中每个组中每个品种10头。其中实验1组犊牛采取母牛带犊饲喂方式（荷斯坦犊牛由西门塔尔牛代喂），实验2组犊牛采取单栏人工饲喂方式。

3. 饲喂方式

实验1组采用当前散养式乳肉兼用牛养殖户或规模场普遍采用的母牛带犊方式，3个品种之间采取独立牛栏饲喂，每个栏舍母牛带犊饲喂犊牛10头；实验2组采用犊牛单栏饲喂，实行“定人、定时、定量”的犊牛单栏人工饲喂技术，自由饮水，自由采食揉制过的青干草，定期清理犊牛舍。

4. 腹泻发病统计与临床观察

实验期分为0～10天、11～20天、21～30天3个阶段，以粪便发生半水样化与水样化时定义为腹泻，观察每个实验阶段内犊牛腹泻发生的情况。每个实验阶段内犊牛腹泻1次以上，即计为1个腹泻头次。

（二）结果与分析

1. 饲喂方式对各品种犊牛腹泻的影响

由表18-4可以看出，在2种饲喂方式下，3个实验期内2个实验组中德系西门塔尔犊牛腹泻头次差异极显著（$P<0.01$）；实验1组内的西荷杂交犊牛、荷斯坦犊牛腹泻头次显著高于实验2组（$P<0.05$），且通过计算，实验1组3个品种犊牛实验期内的平均腹泻率也显著高于实验2组（$P<0.05$）。

表18-4　两种饲喂方式下各品种犊牛腹泻情况比较

分组	数量（头）	犊牛腹泻情况统计（头次）			平均腹泻率（%）
		德系西门塔尔犊牛	西荷杂交犊牛	荷斯坦犊牛	
实验1组	30	6.00 ± 0.63^{a}	5.33 ± 0.67^{a}	7.67 ± 0.88^{a}	63.22 ± 7.02^{a}
实验2组	30	1.33 ± 0.33^{c}	2.33 ± 0.33^{b}	3.67 ± 0.33^{b}	24.44 ± 6.76^{b}

注：同列数据肩标字母相间，表示差异极显著（$P<0.01$）；同列肩标字母相邻，表示差异显著（$P<0.05$）；同列肩标字母相同，表示差异不显著（$P>0.05$）。

2. 相同饲喂方式下各品种犊牛腹泻差异比较

由表 18-5 可以看出，实验 1 组德系西门塔尔牛、西荷杂交牛与荷斯坦牛 3 个品种犊牛的腹泻头次差异不显著（$P>0.05$）；实验 2 组荷斯坦犊牛腹泻头次与德系西门塔尔牛相比差异极显著（$P<0.01$），而与西荷杂交犊牛相比差异也不显著（$P>0.05$），西荷杂交犊牛与德系西门塔尔犊牛腹泻头次差异不显著（$P>0.05$）；腹泻率统计分析可以看出，3 个品种犊牛差异均不显著（$P>0.05$），但荷斯坦腹泻率增高的趋势明显。

表 18-5　品种对犊牛腹泻的影响的比较

品种	数量（头）	腹泻情况统计（头次）		平均腹泻率（%）
		试验组 1	试验组 2	
德系西门塔尔犊牛	20	6.00 ± 0.63^{a}	1.33 ± 0.33^{c}	24.74 ± 3.72^{a}
西荷杂交犊牛	20	5.33 ± 0.67^{a}	2.33 ± 0.33^{ac}	25.56 ± 1.11^{a}
荷斯坦犊牛	20	7.67 ± 0.88^{a}	3.67 ± 0.33^{a}	37.78 ± 4.01^{a}

注：同列数据肩标字母相间，表示差异极显著（$P<0.01$）；同列肩标字母相邻，表示差异显著（$P<0.05$）；同列肩标字母相同，表示差异不显著（$P>0.05$）。

犊牛腹泻是指犊牛在哺乳期由于多种原因引发的以腹泻为特征的疾病。犊牛腹泻是全球性犊牛常见疾病，发生率较高，严重时可致 70%的犊牛发病，死亡率高达 50%。引起犊牛腹泻的病因比较复杂，包括犊牛初乳饲喂不足、环境卫生不良、病原体感染、母牛产前营养缺乏、饲养管理不当及部分造成犊牛腹泻的疾病。减少犊牛腹泻发生是牛场管理的重点，也是难点。

一般情况下，犊牛腹泻发病原因分为管理性与传染性两种，无论哪种腹泻发生都十分严重，应立即采取措施。管理性腹泻主要是犊牛出生前后，由于管理不当直接或间接造成的犊牛腹泻，主要包括初乳饲喂不足、乳液温度偏低及犊牛环境卫生差等。传染性腹泻主要是由致病性大肠杆菌等病原菌、病毒及寄生虫等传染引发的腹泻。近年来，许多学者认为，犊牛腹泻是多方面因素共同作用的结果，包括外界环境与病原的共同作用、机体状态与病原的相互作用、饲养管理与病原的相互作用以及这些因素共同作用的结果。因此，进一步开展各类因素对犊牛腹泻影响的研究仍具有重要的意义。

本实验通过在不同饲养方式下对 3 个品种犊牛的饲喂与观察，了解与掌握每个品种犊牛在每个实验阶段的腹泻情况，可以发现饲喂方式与品种对犊牛腹泻的影响差异，并进一步分析环境及机体因素对腹泻发生的影响。

在 2 种饲喂方式下进行比较，母牛带犊饲喂情况下，3 个品种犊牛间腹泻发生次数及平均腹泻率均显著高于单栏人工饲喂情况下各品种犊牛腹泻次数（$P<0.05$），且有个别组达到了极显著水平（$P<0.01$）。由结果可以看出，在牧场以散养母牛带犊饲喂方式下，任何一个品种的犊牛都更容易有腹泻发生。母牛带犊饲喂方式下，成年牛舍内的环境相对难于控制，母牛趴窝时地面的各类致病菌更易通过乳头附着后传给犊牛，犊牛间因相互更换母牛哺乳而存在交叉感染，初生时犊牛初乳量哺饲不够或不及时，未及时获得免疫等，这些因素成为提高犊牛腹泻率的主要原因。初乳在犊牛建立被动免疫系统方面具有

重要作用。当免疫球蛋白水平不足时，犊牛的发病率和死亡率将会增加。此外，在日常管理中，犊牛与成年牛在同一舍内，环境温度不易控制。当环境温度不为 20 ℃～28 ℃的犊牛适温区内时，犊牛热量消耗增加。若此时采食量低或断奶补饲不足，易使犊牛因自身机体消化道菌群功能紊乱而发生腹泻。所以，开展犊牛人工单栏饲喂更利于其生长发育。

在相同饲喂方式下，对各品种犊牛在每个阶段的腹泻发生次数及平均腹泻率进行比较可以看出，德系西门塔尔犊牛和西荷杂交犊牛之间的差异较小，且腹泻发生率要远低于荷斯坦奶牛犊牛腹泻发生率，荷斯坦犊牛腹泻次数及腹泻率增加趋势明显。这些表明德系西门塔尔犊牛、西荷杂交后代犊牛具有对抗病性与对环境的抗逆性。西荷杂交后代犊牛抗病性可能与杂交优势的表现或抗病基因导入有关，目前还未见相关报道，还需要通过实验进一步验证。

综上所述，饲喂方式与品种因素都对犊牛腹泻产生影响。在规模化牛场，利用母犊分离单栏人工饲喂技术可以有效减少犊牛腹泻等传染性疾病的发生。在同等饲喂条件下，德系西门塔尔犊牛发生腹泻的概率较低。

附录一　种牛体型评分标准

<table>
<tr><th colspan="3">项　目</th><th>最高分</th></tr>
<tr><td rowspan="10">体型结构</td><td rowspan="2">总体结构
(30 分)</td><td>体重和体格:体格大,骨架大,骨骼健壮伸展</td><td>15</td></tr>
<tr><td>轮廓:身体匀称,肋深广,体躯伸展平直,肌肉丰满</td><td>15</td></tr>
<tr><td rowspan="3">后躯
(30 分)</td><td>腰:多肉,厚,壮,深</td><td>10</td></tr>
<tr><td>尻:长,平,尾根清晰,方正</td><td>9</td></tr>
<tr><td>腿:长,深,厚而饱满</td><td>11</td></tr>
<tr><td rowspan="5">前躯
(18 分)</td><td>背:厚,肌肉发达,强壮</td><td>7</td></tr>
<tr><td>肋:开展,深</td><td>5</td></tr>
<tr><td>肩胛:平整,肌肉明显</td><td>4</td></tr>
<tr><td>颈:长而清晰</td><td>1</td></tr>
<tr><td>前胸:整洁</td><td>1</td></tr>
<tr><td colspan="2" rowspan="3">繁育品质
(22 分)</td><td>头:公或母牛的性别特征突出,品种特征明显,匀称</td><td>5</td></tr>
<tr><td>四肢:四肢正位,腿姿正常,关节明显,系强壮</td><td>12</td></tr>
<tr><td>活力:行动自若,无障碍表现</td><td>5</td></tr>
</table>

注:本表来自农办牧〔2010〕56 号文。

附录二　山东省西门塔尔牛登记办法

一、必要性

将西门塔尔牛登记在专门的登记簿或特定的计算机数据管理系统中，是西门塔尔品种改良的一项基础性工作。山东省宝牛合作社统一录入数据进行动态的管理，根据有关县(市、区)的统计情况，统一印制耳标进行分发佩带，并统一安排冻精计划，促使生产者饲养优良乳肉兼用牛品种和保存基本育种资料和生产性能记录，以作为品种遗传改良工作的依据。国内外的遗传改良实践证明，经过登记的牛群质量提高速度远高于非登记牛群。

二、登记条件

凡本身已含西门塔尔牛血液的牛均可申请登记。

三、登记办法

(1)由山东省宝牛合作社授权各市(县、区)分社或育种组织负责登记。

(2)牛只登记是终生累积进行的过程，登记牛以后新产生的生产性能记录要不断地进行补充纪录。

(3)登记工作可使用山东省宝牛合作社设计的“山东省西门塔尔成牛登记表”(附表1)进行。

(4)各市(县、区)将登记牛资料收集整理后，填写“山东省西门塔尔牛登记汇总表”(附表2)，连同登记表，定期通过网络传送到山东省宝牛合作社。

(5)登记牛转移时需通过当地分社或育种组织，办理转移手续，并变更其记录。

四、牛只编号

牛只编号全部由数字或由数字与拼音字母混合组成。通过编号可直接得到牛只所属地区、出生场和出生年代等基本信息。牛只编号具有唯一性，并且使用年限长，保证100年内在全国范围内不会出现重号，以保证信息的准确性。

(一)编号方法

牛只编号由12个字符组成，分为4个部分，如下图所示。

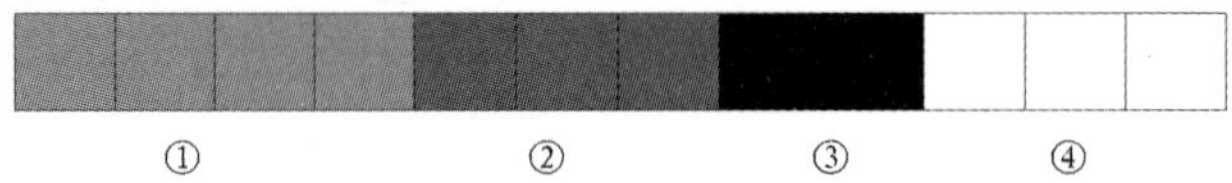

(1)山东省在农业部统一编号为37,各市编号见下表。

山东省西门塔尔牛登记表各市编号表(2007年)

市	编号	市	编号	市	编号
济南	3701	青岛	3702	淄博	3703
枣庄	3704	东营	3705	烟台	3706
潍坊	3707	济宁	3708	泰安	3709
威海	3710	日照	3711	滨州	3712
德州	3713	聊城	3714	临沂	3715
菏泽	3716	莱芜	3717		

(2)登记时牛只所在场的编号由各市分社会同畜牧技术管理部门编订,占3个字符,可全部由数字或由数字和拼音字母混合组成,要保证该编号在全市内不重复,并报送山东省宝牛合作社备案。

(3)牛只出生年份的后两位数,例如2007年出生即为"07".

(4)场内年内牛只出生的顺序号为3位数字,不足3位数以0补位。这部分由牛场(合作社或小区)自己编订。

(二)编号的使用

(1)上述编号方法只适用于母牛编号,公牛编号方法适用《肉牛品种登记办法》(试行)。

(2)11位牛只登记号只出现在牛只档案或谱系上。

(3)编号应写在牛只的塑料耳牌上,耳牌佩戴在左耳上,正面写后五位数码,反面写牛场(合作社或小区)编号。

(4)对现有的在群牛只,其现有牛号与以上规则不符者,均重新编号。如果出生日期不详,则不予登记。

五、登记内容

具体参见"山东省西门塔尔牛登记表"。要求将表格内容尽量填全。有条件的单位最好提供每头登记牛的头部照片及左右侧照片,以备牛号与牛不符时对照查询。

登记表的填写应由专人负责,字迹清楚,不能随意涂改,最好使用钢笔或签字笔。

附表 1

山东省西门塔尔牛品种登记表

市、地名称：__________　市、地代码：__________　牛场名称：__________　牛场代码：__________　登记日期：__________　登记人：__________

序号	原牛号	新牛号	出生日期	出生场	体重	品种纯度	登记时胎次	上次配种时间	是否已怀孕	畜主	备注
1											
2											
3											
4											
5											
6											
7											
8											
9											
10											
11											

附表 2

山东省西门塔尔牛登记汇总表

填写单位：__________ 填写时间：__________ 填写人：__________

名称 / 县(镇)	牛总数	可繁母牛	1 代西杂牛	2 代西杂牛	3 代西杂牛	4 代以上西杂牛	挤奶形式	挤奶次数	奶年产量	奶去向
合计										

注：1. 挤奶形式分手工挤奶和机器挤奶两种；2. 挤奶次数以每天的挤奶次数计算；3. 奶产量以 305 天产奶数量计算，不足或超过 305 天的，以实际产奶天数计算，如挤奶 280 天，产奶 3850 kg，写为：3850 kg/280 天。

附录三　德系西门塔尔牛日粮及饲料配方

1. 日产牛奶 10 kg 母牛的日粮举例(饲料量 kg/天)

项　目	日粮配方		
	Ⅱ	Ⅴ	Ⅶ
青干草(头茬)	5.0	1.0	—
紫花苜蓿干草(头茬)	—	—	4.0
草青贮(经晾晒后制作)	20.0	25.0	—
玉米青贮(腊熟期制作)	12.0	15.0	20.0
甜菜叶青贮	—	—	25.0
全饲料甜菜	—	—	—
产奶生产料(混合料)	—	0.5	—
矿物质饲料	0.15	0.12	0.15

2. 营养标准近似值

维持营养需要量	粗蛋白(g)	可利用蛋白(g)	净能(MJ)
体重:550 kg	410	410	33.3
600 kg	430	430	35.5
650 kg	450	450	37.7
700 kg	470	470	39.9
750 kg	490	490	42.0
干乳期营养需要	粗蛋白(g)	可利用蛋白(g)	净能(MJ)
产犊前 8～3 周	1130	1130	52.0
产犊前 3 周	1230	1230	58.0

3. 牛只从不同质量粗饲料中采食干物质最大量[kg/(牛·天)]

项　目	质量		
	差	中	优
鲜草	11	14	17
干草	7	11	14
草青贮(干物质:20%)	7	9	11
草青贮(干物质:35%)	9	12	15
秸秆	3	5	6
草青贮+玉米青贮(1∶2)	10	13	16
草青贮+玉米青贮(2∶1)	9	12	15
玉米青贮+干草	9	11	14

注:粗饲料的质量直接影响牛只的干物质采食量,也就间接地影响个体的营养平衡。

4. 年产 5000 kg 奶母牛的日粮标准

平均日产奶量 17 L 奶,需从日粮中获得约 92 MJ 的净能,才能保证营养平衡。牛只从采食粗饲料每天可获得 11～12 kg 干物质,按青贮值每千克 6.0 MJ 净能折算,总共可从粗饲料中获 72 MJ 能量(12 kg 干物质)。为满足产奶营养需要,还需通过补饲精料再获得 20 MJ 的能量。当每千克精料含净能 6.9 MJ 时,则每头牛每天需补饲约 3 kg 精料。若青贮值仅为 5.5 MJ/kg,则采食粗饲料仅满足 55 MJ 净能需要(干物质 11 kg),能量缺口为 37 MJ,需日补饲 5 kg 精料才能达到营养平衡。由此看见,粗饲料的质量是十分重要的。

5. 年产 6000 kg 奶母牛的日粮标准

平均日产奶量 20 L 奶,需从日粮中获得约 101 MJ 的净能,才能保证营养平衡。牛只从采食粗饲料每天可获得 11～12 kg 干物质,按青贮值每千克 6.0 MJ 净能折算,总共可从粗饲料中获 72 MJ 能量(12 kg 干物质)。为满足产奶营养需要,还需通过补饲精料再获得 30 MJ 的能量。当每千克精料含净能 6.9 MJ 时,则每头牛每天需补饲约 4.3 kg 精料。若青贮值仅为 5.5 MJ/kg,则采食粗饲料仅能满足 55MJ 净能需要(干物质 11 kg),能量缺口为 46 MJ,需日补饲 6.6 kg 精料才能达到营养平衡。照此推算,若日产奶 30 kg 奶时,需日补饲 11 kg 精料,由此将带来采食量、健康问题。因此,在母牛饲养中,优质饲草就更为重要了。

6. 年产 7000 kg 奶母牛的日粮标准

平均日产奶量 23 L 奶,需从日粮中获得约 110 MJ 的净能,才能保证营养平衡。牛只从采食粗饲料每天可获得 11～12 kg 干物质,按青贮值每千克 6.0 MJ 净能折算,总共可从粗饲料中获 72 MJ 能量(12 kg 干物质)。为满足产奶营养需要,还需通过补饲精料再获得 38 MJ 的能量。当每千克精料含净能 6.9 MJ 时,则每头牛每天需补饲约 5.5 kg 精料。若青贮值仅为 5.5 MJ /kg,则采食粗饲料仅能满足 55 MJ 净能需要(干物质 11 kg),

能量缺口为 55 MJ，需日补饲 8.0 kg 精料才能达到营养平衡。照此推算，若日产奶 30 kg 奶时，需日补饲 11 kg 精料，由此将带来采食量、健康问题。因此，在母牛饲养中，产奶性能越高，优质饲草就越重要。

7. 年产 7000 kg 奶牛饲料配方举例

设总产奶量中含乳糖共 650 kg，乳脂率平均为 4%，乳蛋白率平均为 3.4%，每日从粗饲料中采食干物质 12 kg。

饲料量	日产奶量(kg)		
	32	24	16
草青贮(含干物质 40 %)	28kg	26 kg	24 kg
干草或秸秆	1 kg	1 kg	1 kg
精料(6.9 MJ 净能/kg)	10.0 kg	6.5 kg	2.5 kg

(1)另外补充食盐及矿物质饲料。

(2)精料或混合料含粗蛋白为 16%～17%。

(3)青草青贮干物质中能量水平为 1.43 Mcal(6.0 MJ)净能，粗蛋白为 17%。

8. 奶牛的饮水

饮水是奶牛饲养中最廉价，又是最重要的“饲料”，但往往被人们所忽略。其重要性可从以下两个数据中体现：其一，牛奶中含水分 87%以上；其二，奶牛每生产 1 kg 奶，代谢系统需要 4～5 kg 水，而且随着气温增高，牛对饮水的需求更高。如一头日产 36 kg 奶的牛，在 15 ℃的气温下，日饮水 120 L，而在 28 ℃时就需要饮水 145 L。

概括起来说，奶牛每消化 1 kg 干物质，需要起码 4～5 kg 的饮水。

奶牛饲养中饮水的原则：稳定、新鲜、经常补充，在拴系式饲养时还要注意饮水器的流速适度。

9. 日粮配方成分的要求

奶牛的日粮配方成分应完全符合其营养需要，为此要经常检测日粮成分是否合乎饲养标准。在饲养过程中，应保证日粮配方稳定不变，尽量避免更换饲料。

养殖人员要经常判断和评价奶牛个体的粪便、膘情、产奶量、乳成分、精神状态、健康状况、被毛以及其他行为。

最后有一点重要提示，影响奶牛养殖生产效率的技术因素除了营养饲料，还有疫病防治、饲养环境(舒适度)和遗传育种等诸因素。因此，要想获得成功的奶牛养殖效果，需要从各个角度全面、综合地加以改进，仅从营养饲料或其他某个单一的因素去改进，是难于获得整体效果的。

附录四　进口德系西门塔尔牛谱系及育种值查询方法

一、进入网站

网址：http://www.lfl.bayern.de/itz/rind/bazi/index.php，界面如下：

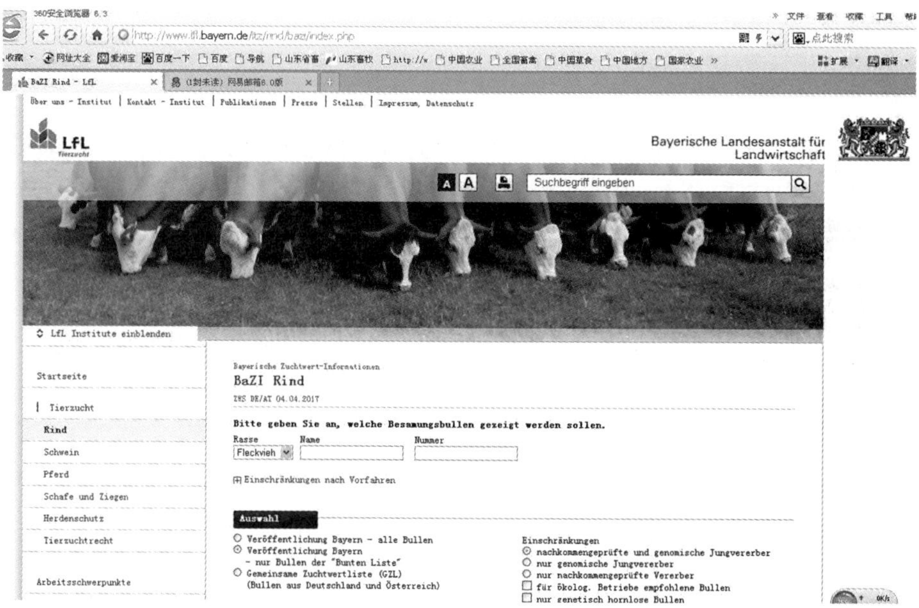

二、输入公牛号

1. 输入牛号 160673，界面如下：

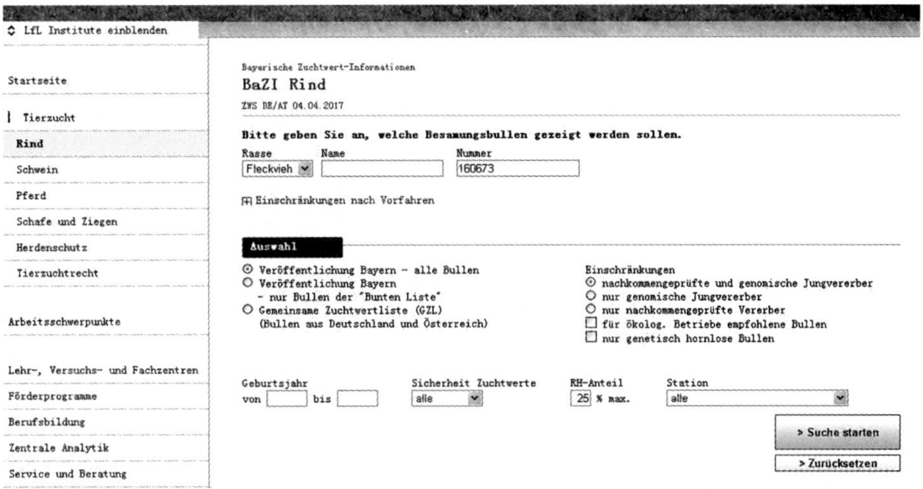

2. 在“auswhl”下边，选择第一项“Veröffentlichung Bayern-alle Bullen”然后，在左下角点击“suche starten”即可进入，界面如下：

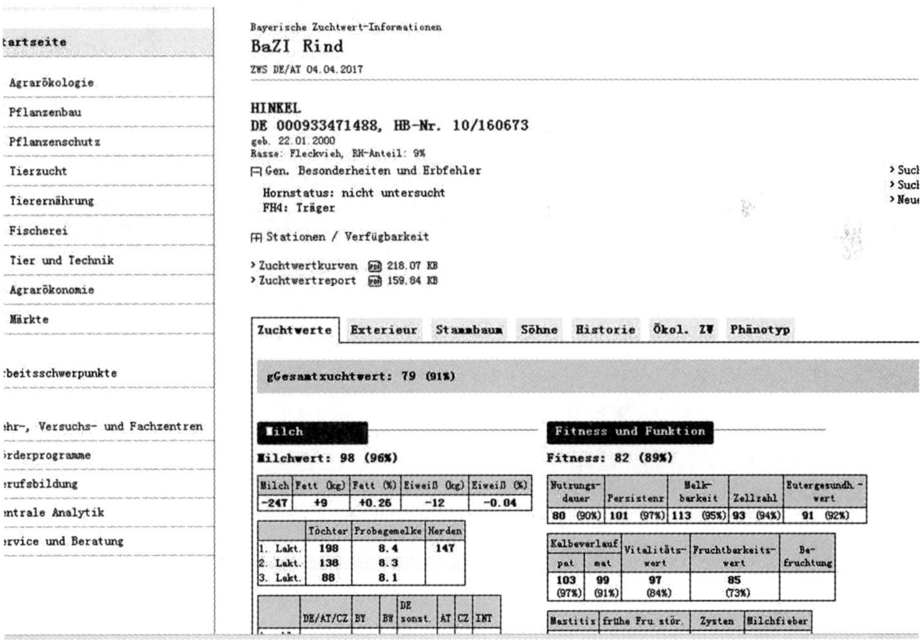

在本页面可以查到综合育种值(最新的)。

3. 谱系查询，界面如下：

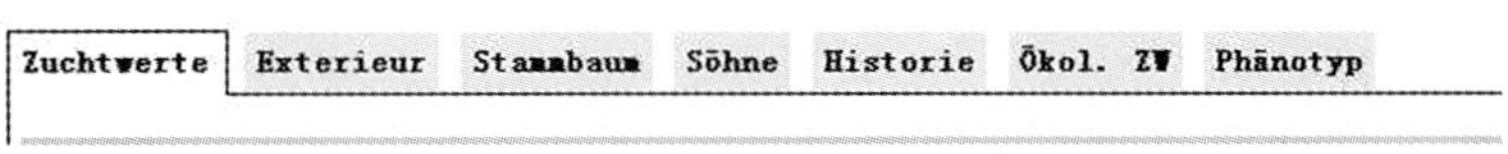

点击第三个选项“stammbaum”，进入谱系界面，界面如下：

1. Generation	2. Generation	3. Generation	4. Generation
HORWART 1993 DE 000919350741 gGZW 78 MW 85 FW 97 ND 103 ZZ 97 DMG 97	HORST 1987 DE 000914411676 gGZW 76 MW 82 FW 75 ND 99 ZZ 109 DMG 95	HORROR 1979 DE 000809706945 gGZW 66 MW 77 FW 80 ND 105 ZZ 104 DMG 94	HORNUNG 1971 DE 000809094147 Gondel 1974 DE 000809152622
		ASTA 1979 DE 000926289016 GZW 68 MW 62 FW 76 ND 107 ZZ 99 DMG 94 Kalb.+ 7 JL 6.9 M 8750 F 356 F% 4.07 E 310 E% 3.54 Ra 8 Be 8 Fu 8 Eu 8	BOXOR 1976 DE 000929249492 ALMA 1974 DE 000920136528
	LEILA 1985 DE 000919004519 GZW 80 MW 72 FW 110 ND 103 ZZ 96 DMG 88 Kalb.+ 8 JL 8.8 M 7494 F 319 F% 4.26 E 273 E% 3.64 Ra 8 Be 7 Fu 7 Eu 9	HAHN 1978 DE 000921980821 GZW 64 MW 65 FW 101 ND 90 ZZ 81 DMG 103	HALTER 1972 DE 000922261805 LIRA 1976 DE 000921850425
		LUSTI 1977 DE 000925353775 GZW 79 MW 59 FW 105 ND 119 ZZ 111 DMG 82 Kalb.+ 10 JL 10.2 M 7726 F 311 F% 4.03 E 274 E% 3.54 Ra 7 Be 7 Fu 8 Eu 8	HAXL 1966 DE 000979317838 Linda 1975 DE 000978224042
HEDWIG 1993 DE 000914929256 GZW 81 MW 94 FW 90 ND 89 ZZ 100 DMG 107 Kalb.+ 3 JL 3.0 M 10050 F 438 F% 4.35 E 366 E% 3.64	RENNER 1981 DE 000928504510 gGZW 60 MW 84 FW 89 ND 92 ZZ 89 DMG 108	REDAD 1973 CH 711620016730 gGZW 65 MW 80 FW 84 ND 92 ZZ 73 DMG 104	JAMES-RED 1970 US 000001599157 ASTRID 1970 CH 000014361620
		WILLA 1976 DE 000928370047 GZW 63 MW 61 FW 92 ND 99 ZZ 104 DMG 97 Kalb.+ 8 JL 8.1 M 8257 F 326 F% 3.94 E 295 E% 3.58 Ra 6 Be 6 Fu 7 Eu 8	PERUTZ 1965 DE 000979321153 VICKI 1970 DE 000928254924
		PENEOS 1979 DE 000921085247	PENKO 1972 DE 000927322080

即可查询所有家族信息及育种值等。

（本方法由德国宝牛北京代表处提供）

乳肉兼用牛系谱档案卡

牛号：　　登记号：　　性别：　　品种：　　出生日期：　　出生地：　　所属场：

<table>
<tr><td rowspan="4">父亲：　出生日期：
来源：　等级：
综合育种值：
乳用指数：　肉用指数：
健康指数：</td><td rowspan="2">父亲：　出生日期：
来源：　等级：
综合育种值：</td><td>父亲：　出生日期：</td><td rowspan="8">（照片）</td></tr>
<tr><td>母亲：　出生日期：</td></tr>
<tr><td rowspan="2">母亲：　出生日期：
来源：　等级：
P　MPD　MP　F%　FP　P%　PP</td><td>父亲：　出生日期：</td></tr>
<tr><td>母亲：　出生日期：</td></tr>
<tr><td rowspan="4">母亲：　出生日期：
来源：　等级：
P　MPD　MP　F%　FP　P%　PP</td><td rowspan="2">父亲：　出生日期：
来源：　等级：
综合育种值：</td><td>父亲：　出生日期：</td></tr>
<tr><td>母亲：　出生日期：</td></tr>
<tr><td rowspan="2">母亲：　出生日期：
来源：　等级：
P　MPD　MP　F%　FP　P%　PP</td><td>父亲：　出生日期：</td></tr>
<tr><td>母亲：　出生日期：</td></tr>
</table>

产奶记录表

指标／胎次	产奶期(天)	产奶量(kg)	乳脂率(%)	乳蛋白率(%)	干物质量(%)	体细胞数(万个/mL)
1						
2						
3						
4						
5						
6						
7						
8						
9						

生长发育记录表

阶段／指标	初生	断奶	6 月龄	12 月龄	18 月龄	24 月龄	备注
体高(cm)							
体斜长(cm)							
十字部高(cm)							
胸围(cm)							
腹围(cm)							
管围(cm)							
体重(kg)							
记录员							
测定日期							

繁殖信息记录表

基本信息					分娩情况(相应空格打“√”)				接产情况分娩情况(相应空格打“√”)				胎衣排出时间	有无角	备注
犊牛号	犊牛性别	胎次	与配公牛号	产犊日期	顺产	助产	引产	截胎或剖腹产	正常	畸形	双胎	死胎			

超声波测定记录表（厘米、平方厘米）

月龄	背膘厚	眼肌面积	测定日期

种牛体型评分记录表

母体结构（30）		后躯（30）			前躯（18）					繁育品质（22）			总分	评定日期	评分员
体重体格	轮廓	腰	尻	腿	背	肋	肩胛	颈	前胸	头	四肢	活力			
15	15	10	9	11	7	5	4	1	1	5	12	5			

犊牛期饲喂记录表

总奶量（千克）	哺乳期（天）	日增重（克）

终生记录	终生产奶量		平均乳脂率		离场日期		离场原因	

注释：1. 请如实记载相关数据。2. 胎次产奶记录根据全年生产情况进行加权计算后得出。3. 体型评分：根据牛场生产实际对种牛终生进行2~4次评分。4. 本档案保存期≥10年。

主要参考文献

1.曹玉凤、李建国:《肉牛标准化养殖技术》,中国农业大学出版社 2004 年版。

2.陈幼春:《西门塔尔牛的中国化》,中国农业科技出版社 2007 年版。

3.莫放:《养牛生产学》(第二版),中国农业大学出版社 2010 年版。

4.孙国强、朱月福:《肉牛饲养与保健》,中国农业大学出版社 2004 年版。

5.王家启:《现代奶牛养殖科学》,中国农业出版社 2006 年版。

6.王杏龙:《奶牛健康高效养殖》,金盾出版社 2008 年版。

7.许尚忠、郭宏:《优质肉牛高效养殖关键技术》,中国三峡出版社 2006 年版。

8.昝林森:《牛生产学》,中国农业出版社 1999 年版。

9.毕江华等:《胚胎移植技术在扩繁德系西门塔尔牛核心群中的应用》,《中国农学通报》2011 年第 27 期。

10.陈宁等:《荷斯坦奶牛与德系西门塔尔牛杂交对其后代产肉性能和肉品质的影响》,《河南农业科学》2017 年第 46 期。

11.陈若愚、王翘:《弗莱维赫的特性及其在德国奶牛业中的应用现状》,《国外乳业》2016 年第 12 期。

12.傅春泉、姜俊芳、何英俊:《德系西门塔尔牛与荷斯坦牛杂交利用的研究》,《中国畜牧杂志》2014 年第 50 期。

13.傅春泉、姜俊芳、何英俊:《弗莱维赫改良荷斯坦牛抗逆性研究》,《畜牧与兽医》2015 年第 47 期。

14.傅春泉、宋维龙、何英俊:《德系西门塔尔牛与荷斯坦牛杂交初报》,《中国奶牛》2013 年第 1 期。

15.胡成波:《法国现代畜牧业见闻》,《中国畜牧业》2012 年第 3 期。

16.淮亚红等:《精液品质相关基因的研究进展》,《中国畜牧兽医》2008 年第 35 期。

17.靳新:《犊牛腹泻的发病原因及防治措施》,《现代畜牧科技》2014 年第 6 期。

18.李波等:《德国弗莱维赫牛冻精在贵州黔北地区杂交改良试验研究》,《黑龙江畜牧兽医》2011 年第 12 期。

19.李波等:《弗莱维赫后代公牛在贵州喀斯特地区繁殖性能的研究》,《黑龙江畜牧兽医》2014 年第 4 期。

20.李树春:《大庆地区德系西门塔尔改良中低产荷斯坦牛泌乳性能的试验》,《畜牧兽医信息科技》2017 年第 4 期。

21. 罗晓瑜:《德国的德系西门塔尔牛育种与管理》,《中国畜牧业》2011 年第 20 期。

22. 潘保良等:《犊牛传染性腹泻的临床症状及防治措施》,《中国畜牧杂志》2014 年第 50 期。

23. 任红艳、许尚忠、李俊雅:《德系西门塔尔牛育种体系》,《中国畜牧兽医》2008 年第 35 期。

24. 田春花等:《德系西门塔尔乳肉兼用牛(弗莱维赫)在张掖市引进试验报告》,《中国牛业科学》2012 年第 38 期。

25. 吴祥:《德国种公牛选育和冻精生产技术考察报告》,《青海畜牧兽医杂志》2007 年第 12 期。

26. 徐建忠、刘贞德、贺成龙:《弗莱维赫牛在遵义的杂交改良效果》,《中国牛业科学》2011 年第 37 期。

27. 徐丽萍、王永生:《弗莱维赫牛冻精改良低产荷斯坦牛效果研究》,《吉林农业科技学院学报》2016 年第 25 期。

28. 徐丽萍、王永生:《弗莱维赫乳肉兼用牛改良低产荷斯坦奶牛的效果》,《江苏农业科学》2014 年第 42 期。

29. 荀牧:《德系西门塔尔(弗莱维赫)牛育种与管理情况》,《黑龙江动物繁殖》2010 第 18 期。

30. 杨库等:《不同品种种公牛采精量、精液密度及制冻数量的比较》,《黑龙江畜牧兽医》2003 年第 12 期。

31. 杨培勤等:《德系西门塔尔牛在通辽地区杂交效果观察》,《中国牛业科学》(增刊) 2013 年第 39 期。

32. 由晓红:《犊牛腹泻的原因分析与防治措施》,《养殖技术顾问》2012 年第 5 期。

33. 余长林等:《不同来源弗莱维赫牛冻精改良西杂牛的效果研究》,《中国奶牛》2016 年第 4 期。

34. 张海涛等:《影响公牛精液产量的因素及应对措施》,《中国奶牛》2006 年第 10 期。

35. 张金松、关龙、史建民:《德系西门塔尔乳肉兼用牛的推广示范进展及应用前景》,《中国奶牛》2013 年第 14 期。

36. 张淑二等:《弗莱维赫与其他品种种公牛精液生产能力的比较》,《中国畜牧兽医》2011 年第 38 期。

37. 张淑二等:《季节变化对不同品种种公牛精液品质的影响研究》,《家畜生态学报》2012 年第 33 期。

38. 张淑二等:《月龄对德系西门塔尔种公牛精液品质及产能的影响》,《中国草食动物科学》2014 年第 34 期。

39. 张淑二等:《注射口蹄疫疫苗对不同月龄弗莱维赫种公牛精液品质的影响》,《中国畜牧兽医》2011 年第 38 期。

40. 张淑二等:《注射口蹄疫疫苗对三个品种公牛精液品质的影响》,《家畜生态学报》2011 年第 32 期。

41. 张祥等:《不同饲养方式对荷斯坦犊牛的影响》,《饲料工业》2006 年第 27 期。

42. 赵树昌、张淑二、董海贵:《不同季节弗莱维赫牛胚胎移植效果分析》,《黑龙江畜牧兽医》2011 年第 5 期。

43. 芷桦:《中德合作踏上新跑道》,《中国牧业通讯》2008 年第 8 期。

44. 周林等:《规模化奶牛场犊牛腹泻综合防治技术研究》,《中国奶牛》2014 年第 21 期。

45. 朱伯阳等:《弗莱维赫牛在北京地区超数排卵效果初探》,《中国农学通报》2017 年第 33 期。

46. 朱建营等:《弗荷杂交牛与荷斯坦牛热适应性、免疫功能和抗氧化性能比较研究》,《西南师范大学学报(自然科学版)》2017 年第 42 期。

47. 陈若愚:《奶与肉的完美结合——乳肉兼用德系西门塔尔牛》,《第二届中国牛业发展大会论文集》2007 年。

48. 陈若愚:《乳肉兼用德系西门塔尔牛——中国牛业发展新趋势》,《第三届中国牛业发展大会论文集》2008 年。

49. 高雪等:《德系西门塔尔牛选育及推广利用体系建设》,《第三届中国牛业发展大会论文集》2008 年。

50. 刘玉满:《德国巴伐利亚州的奶业发展及对我国的启示》,《第二届中国牛业发展大会论文集》2007 年。

51. 欧曼:《德系西门塔尔牛导入中国的高效育种方案可行性研究》,《第三届中国牛业发展大会论文集》2008 年。

52. 王雅春、陈幼春:《西门塔尔牛发展现状及展望》,《第二届中国牛业发展大会论文集》2007 年。

图书在版编目(CIP)数据

德系西门塔尔牛培育与生产管理/张淑二,孔凡虎,李有志主编.—济南:山东大学出版社,2017.11
ISBN 978-7-5607-5459-8

Ⅰ.①德… Ⅱ.①张… ②孔… ③李… Ⅲ.①养牛学 Ⅳ.①S823

中国版本图书馆 CIP 数据核字(2017)第 299740 号

责任编辑:李　港
封面设计:张　荔

出版发行:山东大学出版社
社　址　山东省济南市山大南路 20 号
邮　编　250100
电　话　市场部(0531)88364466
经　　销:山东省新华书店
印　　刷:济南华林彩印有限公司
规　　格:787 毫米×1092 毫米　1/16
9.75 印张　217 千字
版　　次:2017 年 11 月第 1 版
印　　次:2017 年 11 月第 1 次印刷
定　　价:28.00 元